人工知能

マンガでわかる

三宅陽一郎 監修
備前やすのり マンガ

池田書店

はじめに

これから訪れる人工知能社会を生きる人たちへ

人工知能を恐れていませんか？　人工知能は恐れるものではなくて、人間とともに生きていく存在です。これから、社会はどんどん人工知能を取り入れて、人間の知的な作業を代行させるようになります。このような社会の流れは、これまでも機械が人間の力仕事を代行し、コンピューターが人間の情報処理の仕事を担ってくれた歴史的な流れの中にあります。つまり、人工知能の導入とは、「オートメーション技術」（自動化技術）の最後の段階といえるでしょう。

長い間、知的な作業は人間のみができる分野でした。ですから、人は自分のアイデンティティを「知的な作業ができる」ことに置いてきました。そこで人工知能が知的な作業をすると、人間は自分のアイデンティティが崩された気になり、不安になってしまうのです。人工知能が実際に、そのような人のアイデンティティを揺るがす力を持っているのは確かです。しかし、問題はその強さ。人工知能の多くは、まだ人間のアイデンティティを強く揺さぶるだけの能力を持っていません。

人工知能を考えるときに、２つだけ重要なことを覚えておいてください。

「人工知能は人間が与えた限定した問題の中でしか知的作業を行えない」

「自分自身で問題をつくることができない」

言いかえれば、人間の知的作業は「人工知能に解かせる問題領域をはっきりと決めて、人工知能に作業を任せる」という仕事に重点が移ることになります。人のアイデンティティもまた、ここに軸足を移していくことになります。そうすれば、これまでコンピュータを使いこなしてきたように、人工知能を使いこなせるようになります。それは「人工知能が自分の力の一部になる」ということです。

そのためには、まず「人工知能には何ができるのか？」を知る必要があります。次に「人工知能に解決させる問題」を定める必要があります。そこで、まずは本書を「人工知能に何をさせたらいいのかな？」という軽い気持ちで読んでください。マンガに登場する裕太や誠司は先入観を持たず、真正面から人工知能に向き合っていきます。そこでおどろいたり、つまずいたりしながら、徐々に「人工知能と人の距離感」を学んでいきます。その距離感こそが、人と人工知能が共生していくために必要な感覚です。本書を読むことで、いち早く人工知能のいる未来を体験し、その未来を生きるために必要な感覚を身につけることができます。

マンガとマンガの間には、丁寧な技術解説が用意されています。とても専門性の高い知識が、ここまで見事にわかりやすく解説されている書籍は稀有な存在です。それは何よりも、本書が人工知能の本質をきちんと射抜いているからでしょう。このような良書をみなさまにお届けできることをたいへんうれしく思います。ぜひ、来るべき人工知能の未来を本書で体験してみてください。

三宅　陽一郎

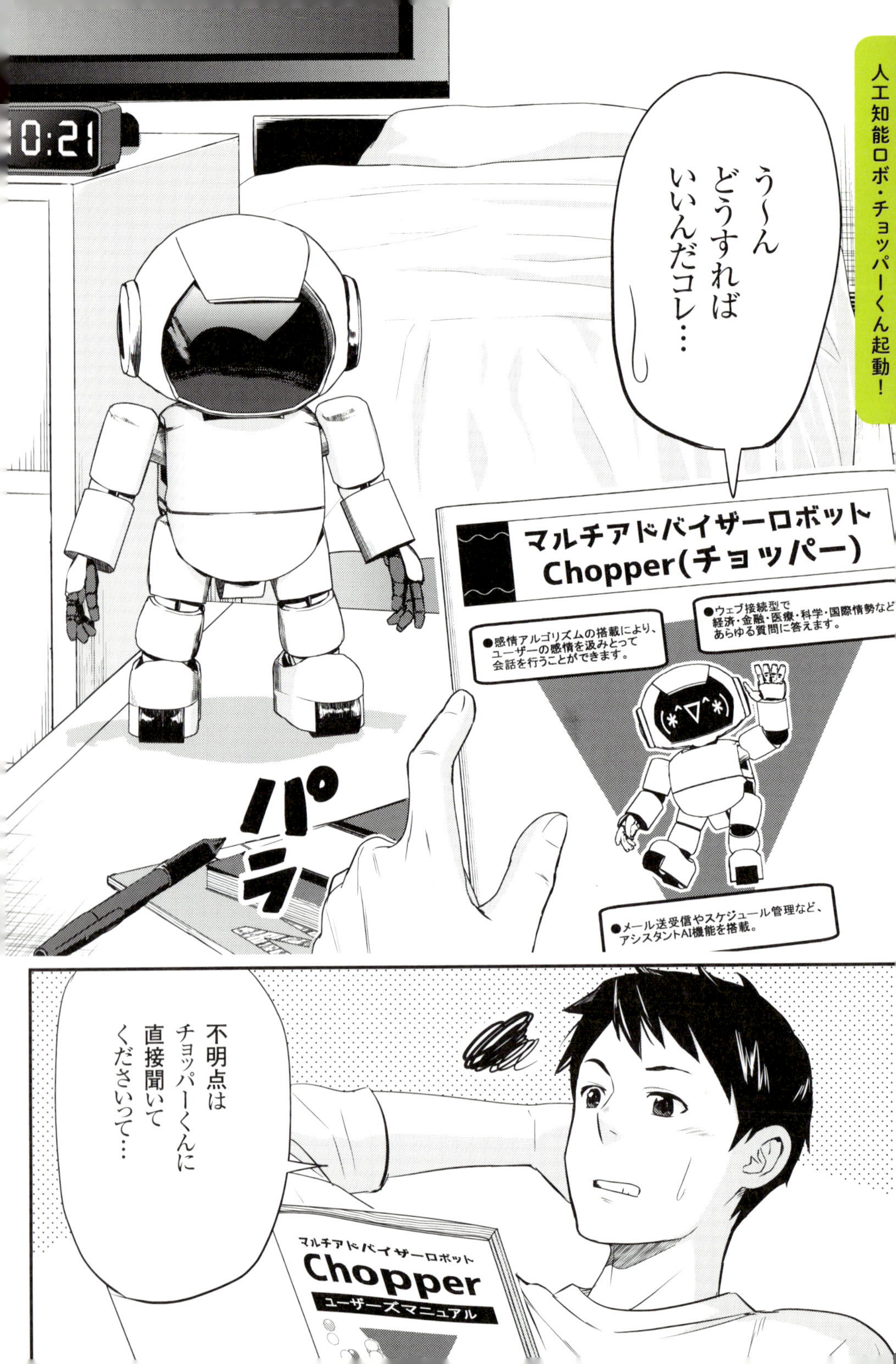
うーん どうすれば いいんだコレ…
マルチアドバイザーロボット Chopper(チョッパー)
●ウェブ接続型で経済・金融・医療・科学・国際情勢などあらゆる質問に答えます。
●感情アルゴリズムの搭載により、ユーザーの感情を汲みとって会話を行うことができます。
(*^▽^*)
●メール送受信やスケジュール管理など、アシスタントAI機能を搭載。
パラ
不明点は チョッパーくんに 直接聞いて くださいって…
マルチアドバイザーロボット Chopper ユーザーズマニュアル

俺…機械とか苦手なんだよなぁ
ド文系だし…
ハア…!!
最近話題のチョッパーを運用したプロジェクトを立ち上げたい
マルチアドバイザーロボ
Chopper
ユーザーズマニュアル
使い方を研究しておいてくれ!
部長☆
チョッパーくんの得意なことはなんですか?
こんにちは ボクの名前はチョッパーです
あなたのお名前は?
あっ チョッパーくんじゃん!
いきなりこっちの質問無視かよ…
すみません 名前を聞き取れませんでした
ガチャ
おじさんいる～?
ん…おお 裕太か…

これ いろんなことを 教えてくれるん だよね？
そうらしいな…
昨日発売の ファンタジック クエスト
もう 最速クリアタイムは 挙がってる？
ピッ
ハンドルネーム「まさかさかさま」さんの 19時間25分が 最速です
えっ？ 「幻のダンジョン」に 入ったら 20時間を切るのは 不可能じゃない？
はい 不可能です
……
「幻のダンジョン」を ショートカットする 方法はあるの？
ネムルの町で5回 宿屋に泊まると 店主から 「幻のカギ」が もらえます
マルチアドバイザーロボット
Chopper
お前 使い方… 知っているの!?
うん 京子お姉ちゃんの 部屋で
似たようなAIと 会話したことあるし
京子… お姉ちゃん？
誰それ？

ウチの隣に住んでて…
人工知能の研究者とかでさ
いろんなゲームとかプログラムをつくっては
僕に遊ばせようとしてくるんだよね
裕太！その人を紹介してくれない？今すぐ！
ガッ
わっ
変わり者だし…
おじさんみたいな人はタイプじゃないと思うよ？
そんなのどーでもいいから！
わかったよぉ
ピンポーン
お姉ちゃんいますか～？
ガチャ
はぁ～い

ふあ～
また徹夜してたの？
エヘヘ…
うん！ 海外の面白い論文を見つけちゃってね～
裕太くんどうしたの？
ん？
えっと…こっちはボクのおじさんで…
どうも
はあ…？

ふーん なるほど…
それじゃ チョッパーくんは 使いこなせない でしょうね
えっ なんで…？
人工知能って いっても 人間じゃ ないんだから そんな 柔軟な会話は できないわよ
でも 「人間と会話が できる」って…
いい？ 人工知能っていうのは 「まるで人間のような 知能がある〝ように見える〟 プログラム」なの
人間じゃないのよ？
あくまで 機械ってこと？
そりゃ そうでしょ

そうなんだ…
あっ!!
今「なんだその程度のものか」って顔したわね!?
えっ いや…っ!
ダン
人工知能はパソコンやネットを超える存在となる可能性を秘めているのよ!
わかったわ! 人工知能(AI)について
イチから私が教えてあげるわよ!
バーン!!

ええ〜!?
ちょうどいいじゃん人工知能のこと知りたいんでしょ?
ふわぁ〜
…と思ったけど私はもう寝るのでまた来週来てね
ゴロン
えっ寝るって…
まだ昼過ぎだけど…?
だから言ったでしょ?
ちょっと変なお姉ちゃんだって
くー
くかー

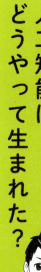

第2章 どうすれば人工知能は成長するの？

第3章 人工知能は人間を超え始めた！

第4章 人工知能は社会をどう変えていくの？

第5章 私たちと人工知能の未来を見つめる

マンガのあらすじ

とある商社に務める誠司はある日、上司から「人工知能ロボット・チョッパーを運用した新プロジェクトを立案せよ」との命令を受ける。「そもそも人工知能って何？」と頭を抱えた誠司は、甥である裕太の紹介で人工知能研究者だという京子と出会う。誠司はただチョッパーくんの使い方を聞きたかっただけなのだが、超がつく「人工知能オタク」である京子に人工知能のイロハのイから教わることに……。はたして誠司は無事に上司命令をクリアし、未来を変えることができるのか!?

登場人物

斎藤誠司

とある商社に務める会社員。コンピュータ全般に対する苦手意識が強いド文系男子。上司から人工知能ロボット・チョッパーを運用した新プロジェクトの立案を頼まれたが、「そもそも人工知能って何？」と頭を抱えている。独身。

水野京子

大手ソフトウェアメーカーに務める人工知能研究者。若くして博士号を取得した天才。何かに没頭すると時間を忘れるタイプで、生活サイクルはかなり不規則。裕太の家の隣に住んでいる。独身。

近藤裕太

誠司の甥っ子（誠司の姉の子）。両親が共働きのため、休日は誠司のもとに預けられることが多い。わりとクールな性格だが、誠司と京子に懐いている。無類のゲーム好きで、コンピュータやプログラムに対する苦手意識はない。

チョッパーくん

某IT企業が発売したマルチアドバイザーロボット。ウェブ接続型であらゆるジャンルの質問に答えることができる。メールの送受信やスケジュール管理などのアシスタント機能も持つほか、ユーザーの感情を読み取る認識能力もある。

序章
人工知能って何だろう?

掃除ロボットやスマートスピーカー、
感情認識ロボットなど、私たちはすでに
さまざまな人工知能技術に触れています。
人工知能とは、「知能を持つ機械」のことですが、
そもそも知能とは何でしょうか?
シンプルに見えて実は奥深いこの問いかけから、
少し考えてみましょう。

一週間後
さて問題！
人工知能とは何でしょうか？
賢いロボット……？
賢いというイメージは間違っていないわね
でも人工知能＝ロボットではないの
ロボットはハード（外身）で人工知能はソフト（中身）のことだからね
ハードとソフト…？
そうたとえばあれも人工知能（AI）って呼ばれたりするよね？
ピシュッ
ズガッ
ゲーム…？
うんユーザーが操作するキャラクター以外にも
サポートキャラや敵キャラがいるけど…
ズガッ

裕太くん今戦っている敵は強い？
強いよ〜！氷の盾を持つと炎を吐いてくるしっ…
ゴオオッ
うわ！
弱点、見破られた！
へえ…裕太の動きを見て攻撃してくるんだ
俺がやってた頃と全然違うな
この敵キャラクターも人工知能で動いているということ？
バシュ
ガガガ
ユーザーから見て知能があるって思えるならそうなんじゃない？
えっユーザーの感じ方次第ってこと？
というより「知能があると思わせるような工夫」があるかどうかね
それって「知能」って言えるのかなぁ…
裕太くんその岩陰に隠れてごらん
えっ？うん！

サッ
？
？
どう？
知能があるように感じる？
いや 完全にバカでしょ
目の前で岩陰に隠れたのに見失うなんて…
人工知能のイメージと違う？
うんでも
こんなもんって気もするかな
そうね
この敵キャラがやっているのは
①こちらの存在を見つけようと、一定の範囲内を動き回る
②こちらの装備を見て、弱点をついて強いダメージを与える行動をとる
③ときどきこちらの攻撃を回避する行動をとる
の3つだけだし
その3つのルールを実行させるだけで「知能がある」と思わせている…と
こちらの行動に反応しているって思うと賢いものだと感じない？
たしかに動物でも人間の言葉に反応すると賢いと感じるし
WAIT!
わんっ
そういう工夫がされているものはたくさんあって…

身のまわりにある人工知能
りんなとどんなお話したい？
普段の事とか
走るのは好きwwでも走らないよww
疲れるから？
(*´艸`)
会話ボット
(りんな)
掃除ロボット(ルンバ)
自動運転車
スマートスピーカー
(Amazon Alexa)
囲碁・将棋AI
(AlphaGo／Bonanza)
感情認識ロボット
(Pepper)
障害物をよけながら部屋を掃除してくれるとか
人間と会話してくれるとか知能があるように感じるよね
おお感じる！感じる！
それに対しこれらは人工知能とは呼べない
未来っぽく見えることと知能があることは別ものってことね
その境界線がわかるようなわからないような…
最先端技術でも人工知能でないもの
スポーツカー
電子マネー
自動トイレ
OS(Windows、Macintosh)
高性能掃除機
(ダイソン)

それなら
別の基準として
この3つの有無が
挙げられるわ
学習能力
判断能力
右
認識能力
機械が自分で
物事を「学び」
「認識し」
「判断する」能力が
あるかどうかね
たとえば
すごーくキレイな
CGで描かれた
デザインなのに
発言も行動も
ワンパターンなキャラと
勇者は銀の剣で斬りつけた。
10,000の大ダメージを与えた！
「ぐっ、こしゃくな真似をっ…！」
勇者は天の剣で斬りつけた。
10,000の大ダメージを与えた！
「ぐっ、こしゃくな真似をっ…！」▽
古くさい
ドット絵なのに
プレイヤーの
思考を
先読みして
行動してくる
キャラがいたら…
どっちに
知能があると
思う?
それは断然
こっちですね
でしょ?
つまりソフトの
違い
見た目じゃ
なくてね
でもね
何を人工知能と
呼ぶかは
研究者の中でも
意見が
分かれているわ
えっ そうなの?

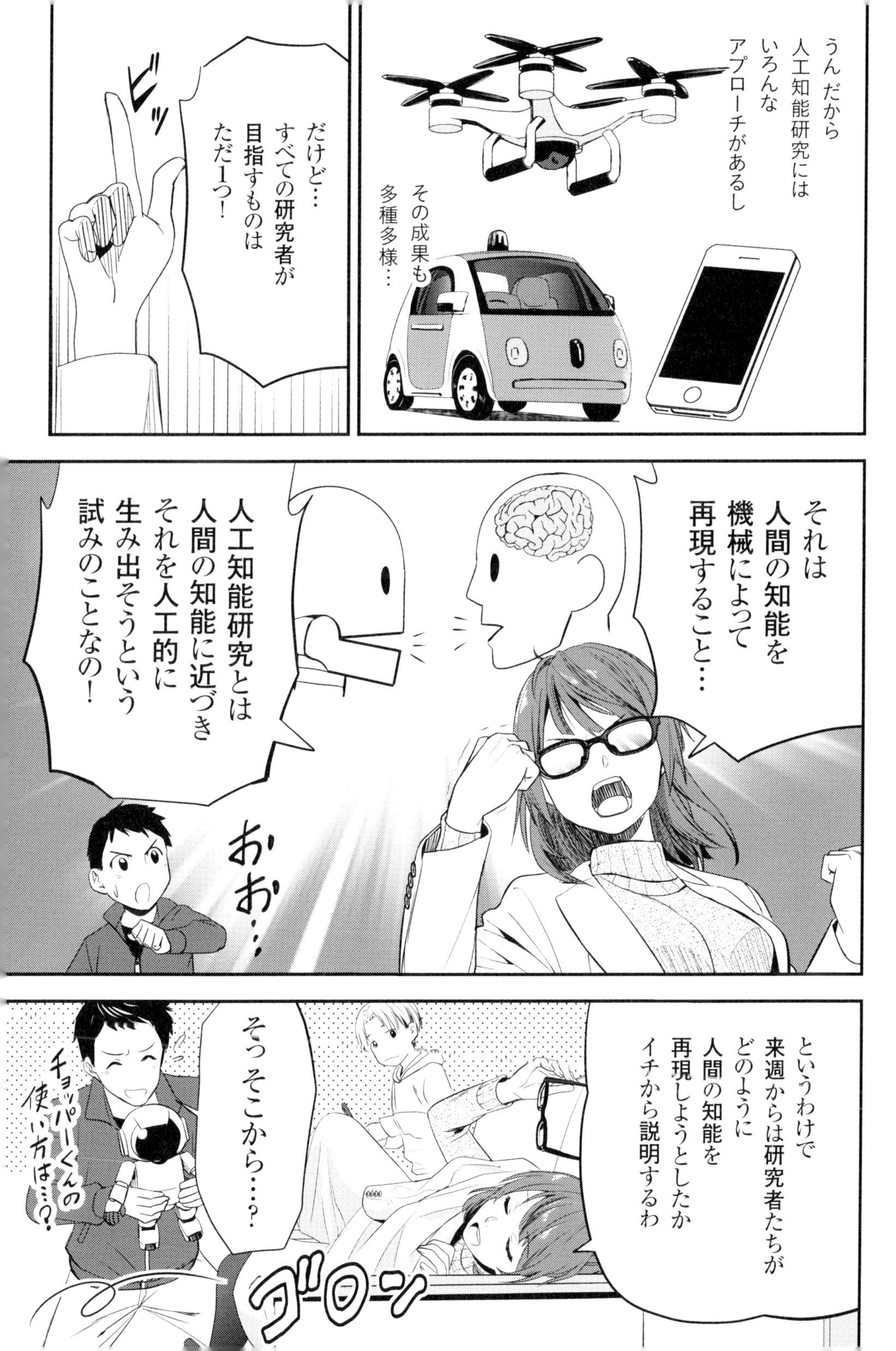
うん だから
人工知能研究には
いろんな
アプローチがあるし
その成果も
多種多様…
ビッ
だけど…
すべての研究者が
目指すものは
ただ1つ!
それは
人間の知能を
機械によって
再現すること…
人工知能研究とは
人間の知能に近づき
それを人工的に
生み出そうという
試みのことなの!
おお…
というわけで
来週からは研究者たちが
どのように
人間の知能を
再現しようとしたか
イチから説明するわ
ゴローン
そっそこから…?
チョッパーくんの
使い方は…?

私たちはゲームを通じて人工知能と触れ合ってきた！

人工知能（ＡＩ）と聞くと、さまざまなものが思い浮かびます。たとえば、映画に登場する人間のように会話するロボットだったり、Siri や Google Assistant のような現実にあるサービスだったり。ほかにも、古くから「ＡＩ」と呼ばれながら、立場がとてもあいまいな存在がいます。ゲームに登場するＡＩです。

ときにプレイヤーを助け、ときにプレイヤーの敵になるキャラクターを私たちはごく自然にＡＩと呼びます。たしかに最近のゲームに登場するＡＩの中には、本当に知能があるかのように振る舞うものもあります。

一方、古いゲームをはじめ、とても「知能」を感じられないようなゲームＡＩも数多くあります。プレイヤーの行動に関係なく、ただふよふよと動き回る「障害物」でしかない敵キャラクターや、プレイヤーを追いかけてきても簡単に壁に引っかかる敵キャラクターを見て、知能を感じるのは難しいでしょう。

ゲームＡＩに施される工夫はさまざまですが、共通しているのは「何らかの意思があるように振る舞うこと」です。「プレイヤーを倒す」「プレイヤーから逃げる」「プレイヤーを助ける」など、さまざまな意思に応じて自律的に行動するのが特徴といえます。

このように人工知能にとって大切なのは、「知的である（知能がある）」ように見える工夫が施されているかどうかです。その点で、ゲームは私たちにとって古くから私たちの身近にあった人工知能といえるでしょう。

▼**ＡＩ**
Artificial（人工的な）Intelligence（知能）の略。「人工知能」は、この語を訳したもの。ダートマス会議（→44ページ）で初めて使われた。

▼**Siri**
iOS や MacOS に搭載されている秘書型人工知能。人間の言葉を理解し、簡単な質問などに答える。

▼**Google Assistant**
Android 端末や Google Home（スマートスピーカー）に搭載されている対話型人工知能。

ゲームAIに見る人工知能の進化

ゲームＡＩには、「知能があるように見える工夫」がちりばめられている。下はその一例で、このようにしてゲームＡＩは少しずつ進化してきた。

1 一定の範囲内を動くだけ

プレイヤーが操作するキャラの動きとは関係なく、決められた範囲内をひたすら動き続けるだけの敵キャラ。

2 プレイヤーを認識して追跡する

プレイヤーを視界に捉えると、追跡するように動き出す敵キャラ。しかし、障害物などで簡単に引っかかる。

3 障害物をよけて追跡する

障害物も認識し、さらに追跡してくる敵キャラ。①②に比べて、かなり知能が高くなったように感じられる。

AI こぼれ話

ゲームの非操作キャラクターをどうしてＡＩと呼ぶのか？

プレイヤーが操作しないゲームキャラクターをＡＩと呼ぶようになったのは、初期の人工知能研究の題材としてゲームが使われたことに由来します。初期の研究では、チェスや古典的パズルゲームで人間と対戦する人工知能が開発されました。そこから発展して一般向けのテレビゲームが登場する頃には、プレイヤーと敵対するキャラクターを総じてＡＩと呼ぶようになっていたのです。そのため、人工知能の技術が使われてないゲームでも、慣習的に敵キャラクターをＡＩと呼んだりします。

ただし、実際にはゲームキャラクターの多くに、何らかの「知能があるように見える工夫」や「プレイヤーが快適に遊べるような工夫」が施されています。このことからゲームキャラクターにこうした工夫が施されており、その振る舞いが「知能がある」と感じられるなら、人工知能（ＡＩ）と呼ぶに値します。

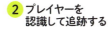

何をもって人工知能と呼ぶ？
実はあいまいな線引き

現在はゲームＡＩに限らず、さまざまな人工知能が実用化されています。たとえば、掃除ロボット（ルンバ）や会話ボット（りんな）、感情認識ロボット（Pepper）、囲碁・将棋ＡＩ（AlphaGo／Bonanza）、スマートスピーカー（Amazon Alexa）、自動運転車などです。

　掃除ロボットであれば、障害物を認識して回避し、自分で充電スポットに戻ります。まるで人間が仕事に出掛け、家に帰る姿のようで、どこか知的です。

　一方、そんな掃除ロボットの何倍もの吸引力を誇る掃除機や、未来的なデザインの掃除機もあります。しかしながら、ただ高性能であるだけ、デザインが未来的というだけでは、人工知能が使われているとはいえません。「高

身近にあるさまざまな人工知能

近年、人工知能の実用化が進み、さまざまな商品・サービスに人工知能技術が使われるようになっている。

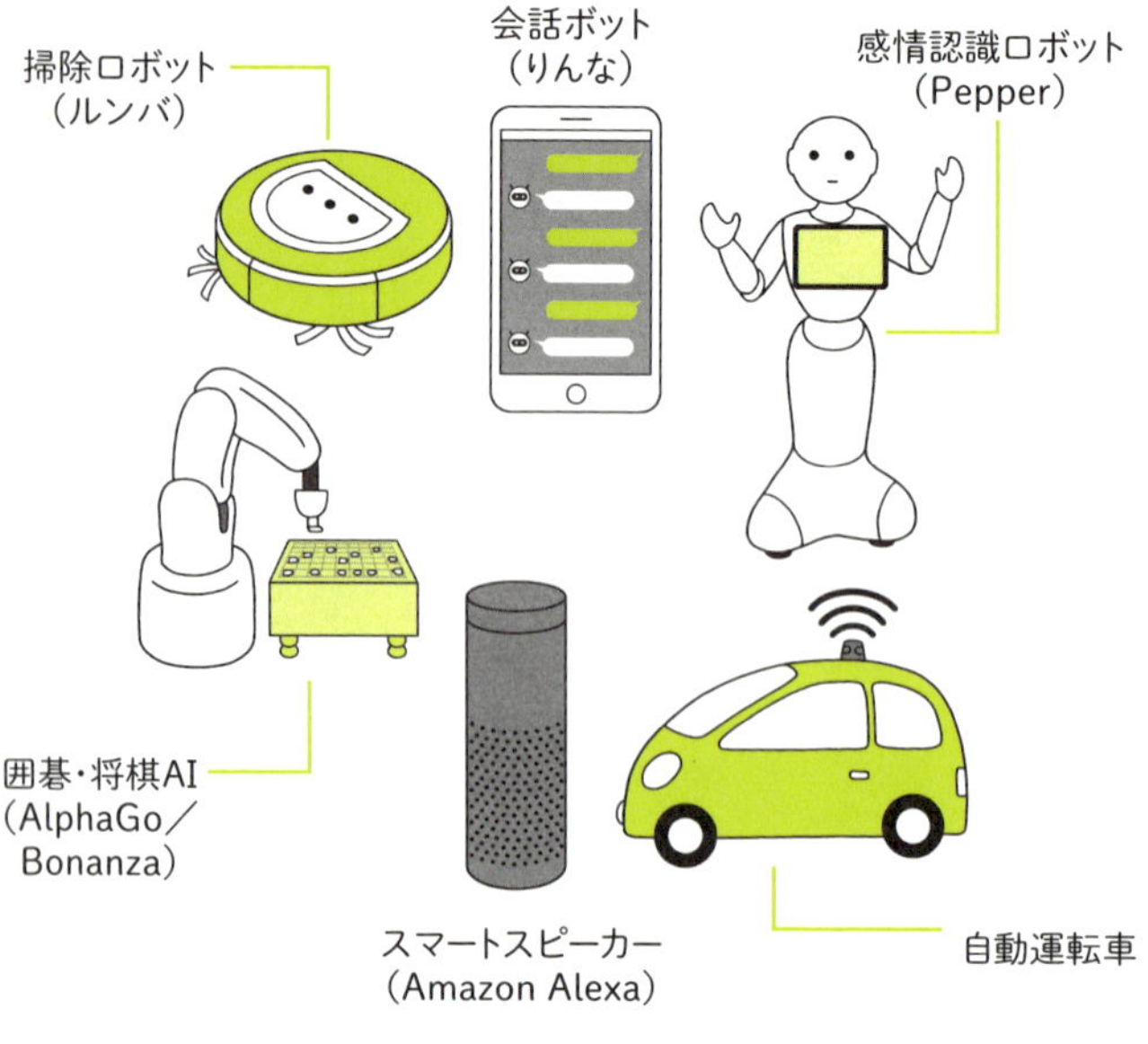

性能」「未来的」「先進的」というキーワードと人工知能は関係なく、また自動ドアのように「自動で動く機械」だからといって、人工知能であるとは限らないのです。

とはいえ、人工知能であるかどうかをどのように判断するかは難しい問題です。そもそも人工知能は「人間と同じ知能を機械で再現するもの」なので、人間から見て「知能がある」と感じられれば、それは人工知能と呼んでいいでしょう。しかし、これは人間の感じ方によるので、あいまいになりがちです。

別の基準として、「学習能力」「認識能力」「判断能力」の有無が挙げられます。機械が自ら「学び」「認識し」「判断する」能力があるかどうかです。ただし、この場合はパソコンやスマートフォンにある「推測変換」や「誤字修正」などの機能も人工知能に含まれることになり、人間の感覚と一致しません。

実は人工知能の定義は研究者の間でも定まっておらず、非常に難しい問題なのです。

何を持って人工知能と呼ぶのか?

基準① 知能があるように見える

「知能があるように見える」「知能の存在を意識してつくられている」なら、人工知能とする。

問題点

- 人間の感覚に頼るため、線引きがあいまいになりやすい。
- 思ったほど賢くないとわかると、知能に見えなくなる。

基準② 学習・認識・判断能力がある

機械が自ら「学び」「認識し」「判断する」能力があれば、人工知能とする。

問題点

- 「推測変換」や「誤字修正」も人工知能に含まれてしまう。
- 単純な仕様のゲームAIは、人工知能に含まれなくなる。

そもそも「知能」って何だろう？

人工知能は「知能を持つ機械」のことですが、そもそも「知能」とはいったい何なのでしょうか。たとえば、ゲームのＡＩキャラクターがどのような振る舞いをしたら、知能があるといえるでしょうか。

まず、上手に会話できるかどうかで知能の有無を確かめる方法があります。人間同士も会話を通して、「この人、頭いいな」と感じ取ることができます。それと同じで、チャット機能などを通じて相手と会話をして知的かどうかを判断するのです。人間らしい会話が成立すれば、知能があると判断できるでしょう。

また、会話機能がない場合は、プレイ中の動きを見て判断します。プレイヤーの動きに対し、合理的に判断して対応してきたら、「知能がある」と判断できそうです。しかし、最近のＡＩは会話もできますし、人間のように巧みにゲームをすることもできるようになっています。

高度な人工知能がゲームという制限のある環境の中で人間のように話し、動くようになれば、私たちはゲームの中で人間と人工知能の区別をつけるのは困難になるでしょう。ゲームという限られた世界の中では、人工知能はすでに人間並みの知能を持っているのです。一方、何の制限もない現実世界では、人工知能は部分的に人間を超えることはあっても、総合的にはまだまだ人間に及びません。

人工知能の知能とは、いったいどのようなものなのでしょうか。

人工知能は人間のような知能を持っている?

人間は「言葉」や「仕事(ゲームプレイ)」を知能の基準にしており、すでにそれらをこなす人工知能が登場してきている。

ゲームAIから感じる知能

チャットを通じて、人間と巧みに会話をするときがある。 → 人間レベルの日常会話が成立している!

プレイヤーの行動を見て、それに対応して見せたり、わざと人間らしい凡ミスを演出したりする。 → 人間の仕事を代替できている!

ゲーム世界では、すでに人間並みの知能を再現できている!

↓

似たようなことは現実世界でも、もうできている!

AIこぼれ話

状況や比較方法によって知能の有無は変わってしまう

少なくとも行動が制限されるゲームの世界では、プレイヤーに「こいつは知能がある」と思わせるだけの状況を簡単につくり出すことができます。

もちろん、実世界で使える知能とゲームの中で使える知能は別物ですし、人間の知能の強みは何よりもその「汎用性」にあります。汎用性とは「いろんなことができる」「多様な状況に対応ができる」という意味です。一方、人工知能は特定の環境で強い「特化型」がほとんどで、ゲームという特定の環境に強いゲームAIも特化型です。特化型には、想定外の状況に弱いという欠点があります。このことから人工知能を「不完全」と捉える人もいますが、環境次第では人間との知能の差をほとんどなくすことができます。

こうして考えてみると、「知能」という言葉の意味はかなり漠然《ばくぜん》としていて、簡単に線引きできるものではないことがわかります。

column 1

プレイヤーを「おもてなし」してくれる3種類のゲームＡＩ

　私たちが最初に出会った人工知能は何だったでしょうか。最近ではあらゆるデバイスに人工知能が入ってきたため、答えはバラバラになるかもしれません。しかし、一昔前であれば、最初に人工知能と出会うのはゲームの中でした。人工知能が実用レベルに達したのはごく最近のことで、それまでは「遊び」に使われるゲームＡＩやチャットボットでしか人工知能に触れることができなかったのです。そんなゲームＡＩには、大きく分けて「キャラクターＡＩ」「ナビゲーションＡＩ」「メタＡＩ」という3つの種類があります。

　キャラクターＡＩは、私たちが直接的に相対する「仲間」や「敵」のキャラクターを動かす人工知能のことです。プレイヤーの行動に合わせて、ある程度自律的に動くのが特徴で、プレイヤーはそのＡＩの行動を受けて右往左往するわけです。プレイヤーが右往左往すれば、キャラクターＡＩもそれに合わせて行動を変えるため、それだけでゲームが成立することも珍しくありません。

　ナビゲーションＡＩは地形や環境を認識し、位置情報やルート情報をほかのＡＩに送る人工知能です。キャラクターＡＩが最短距離でプレイヤーを追いかけ、障害物を避けながら自動で移動するために必要不可欠な存在となります。

　メタＡＩは、ゲームマスターのような存在です。キャラクターＡＩやナビゲーションＡＩから送られてくる情報とプレイヤーの状況から、キャラクターＡＩに指示を出し、ゲームの「演出」を行います。たとえば、プレイヤーが特定の場所に入ると敵ＡＩが大量に現れたり、ピンチになったときに仲間キャラクターのＡＩが助けてくれたりなど、ゲームが適度なバランスに保たれるのはこのメタＡＩのおかげです。プレイヤーがゲームを楽しめるように、「おもてなし」をするＡＩといえるでしょう。

第1章
人工知能は どうやって 生まれた?

「人間のように賢い機械をつくろう」、
この着想からすべてが始まりました。
ただし、当初はそれを実現するための
方法もなければ、理論も手探りでした。
それでも今のような高度な
コンピュータがない時代から、多くの研究者が
試行錯誤を繰り返し、情熱を注ぎ込み、
1つずつ成果を出していきました。

ようこそおふたりさん
私の研究ラボへ！
京子さんはここで人工知能研究に励んでいるんだね
ハー
人間の知能を機械によって再現する研究ね
ねぇねぇ本当にそんなことできるの？
簡単じゃないわね
素人の俺にはどうすればいいか想像もつかないな
ぶっちゃけ当初の研究者たちも似たようなもんだったわ
えっ？

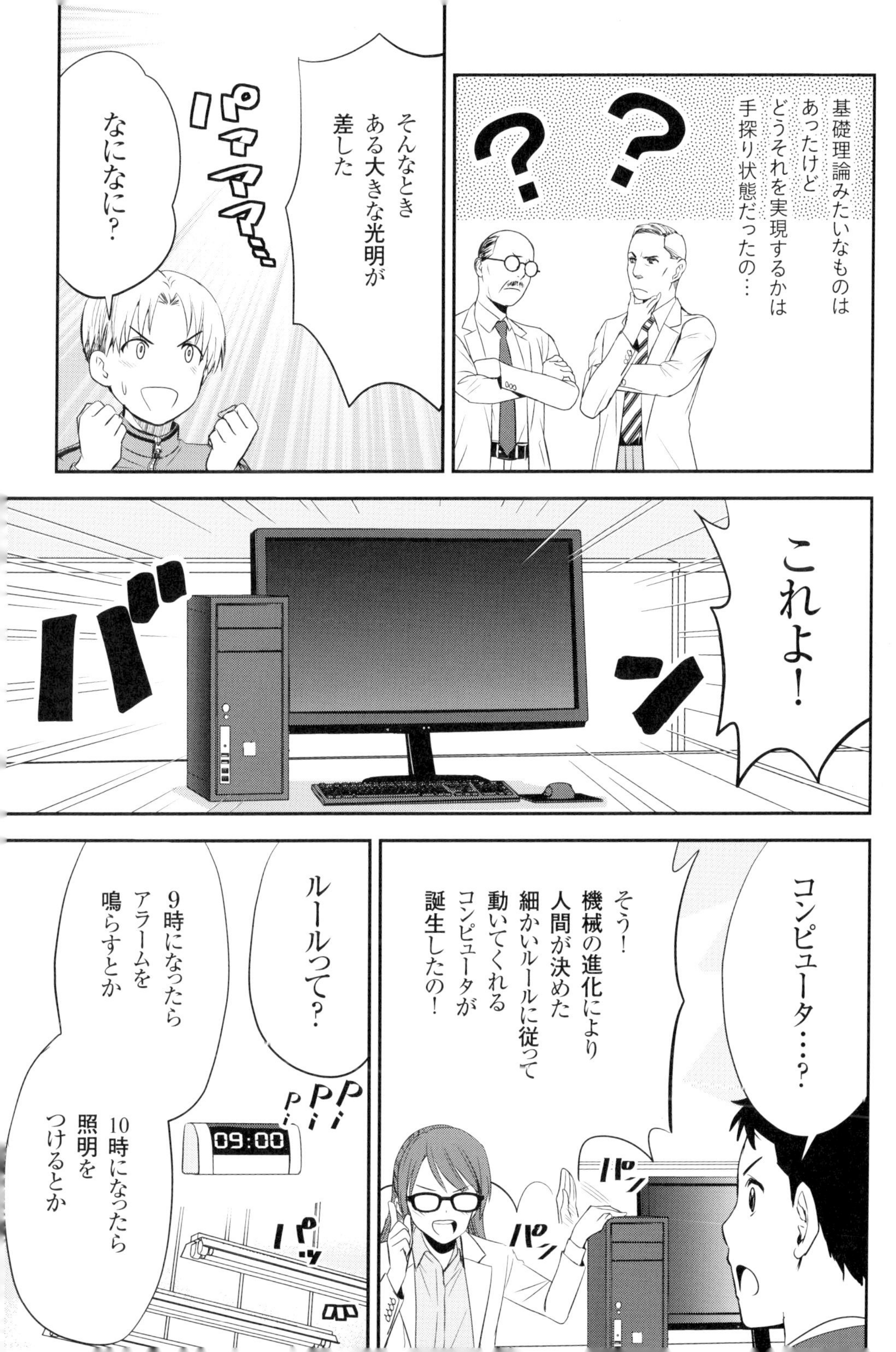
基礎理論みたいなものはあったけど どうそれを実現するかは手探り状態だったの…
？？
そんなとき ある大きな光明が差した
パァァァ…
なになに？
これよ！
バン
コンピュータ…？
そう！機械の進化により人間が決めた細かいルールに従って動いてくれるコンピュータが誕生したの！
パン
パン
ルールって？
9時になったらアラームを鳴らすとか
PPP
09:00
10時になったら照明をつけるとか
パッ

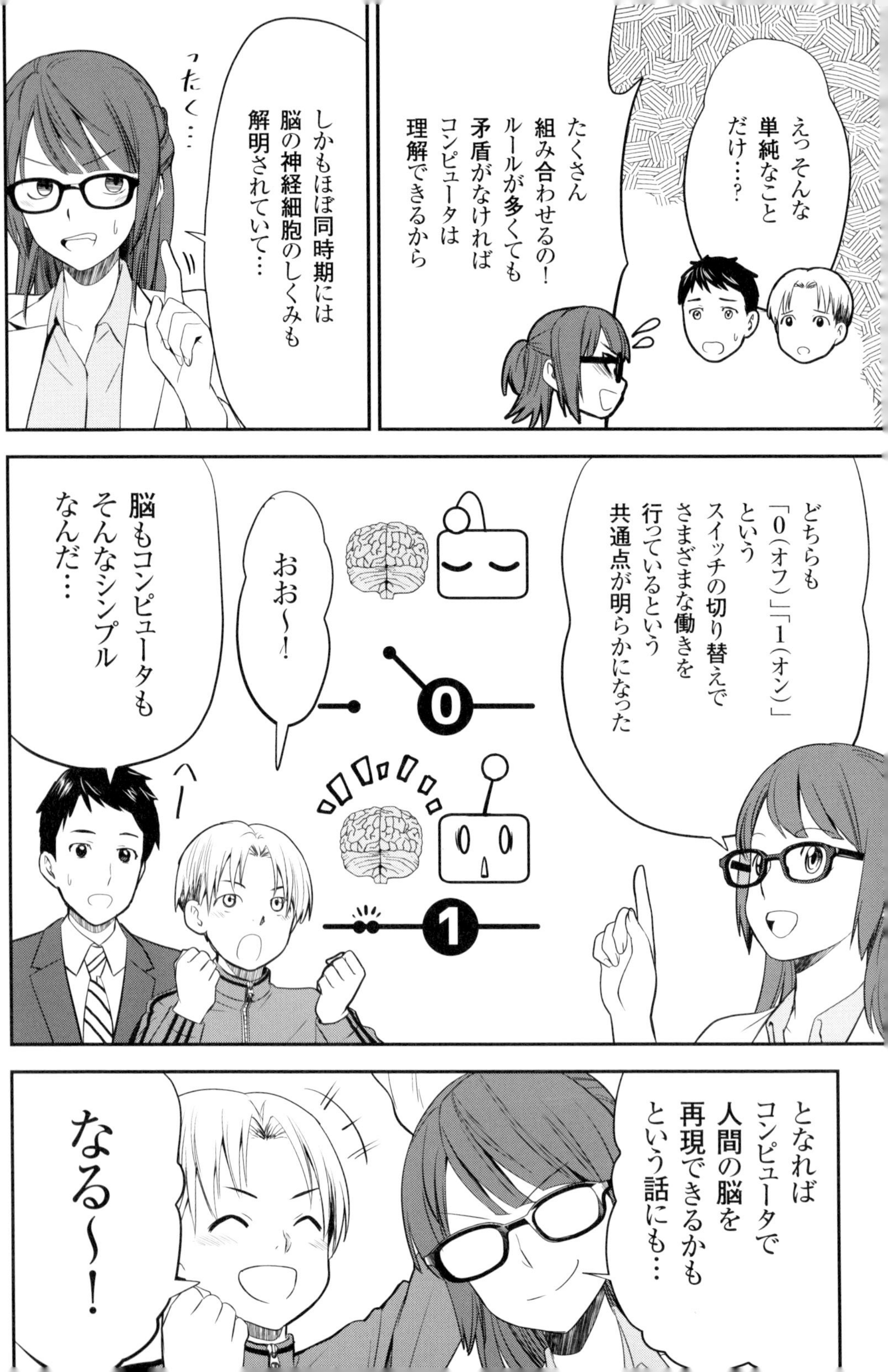
えっそんな単純なことだけ…？
たくさん組み合わせるの！ルールが多くても矛盾がなければコンピュータは理解できるから
しかもほぼ同時期には脳の神経細胞のしくみも解明されていて…
ったく…
どちらも「0（オフ）」「1（オン）」というスイッチの切り替えでさまざまな働きを行っているという共通点が明らかになった
おお〜！
0
1
脳もコンピュータもそんなシンプルなんだ…
へー
となればコンピュータで人間の脳を再現できるかもという話にも…
なる〜！

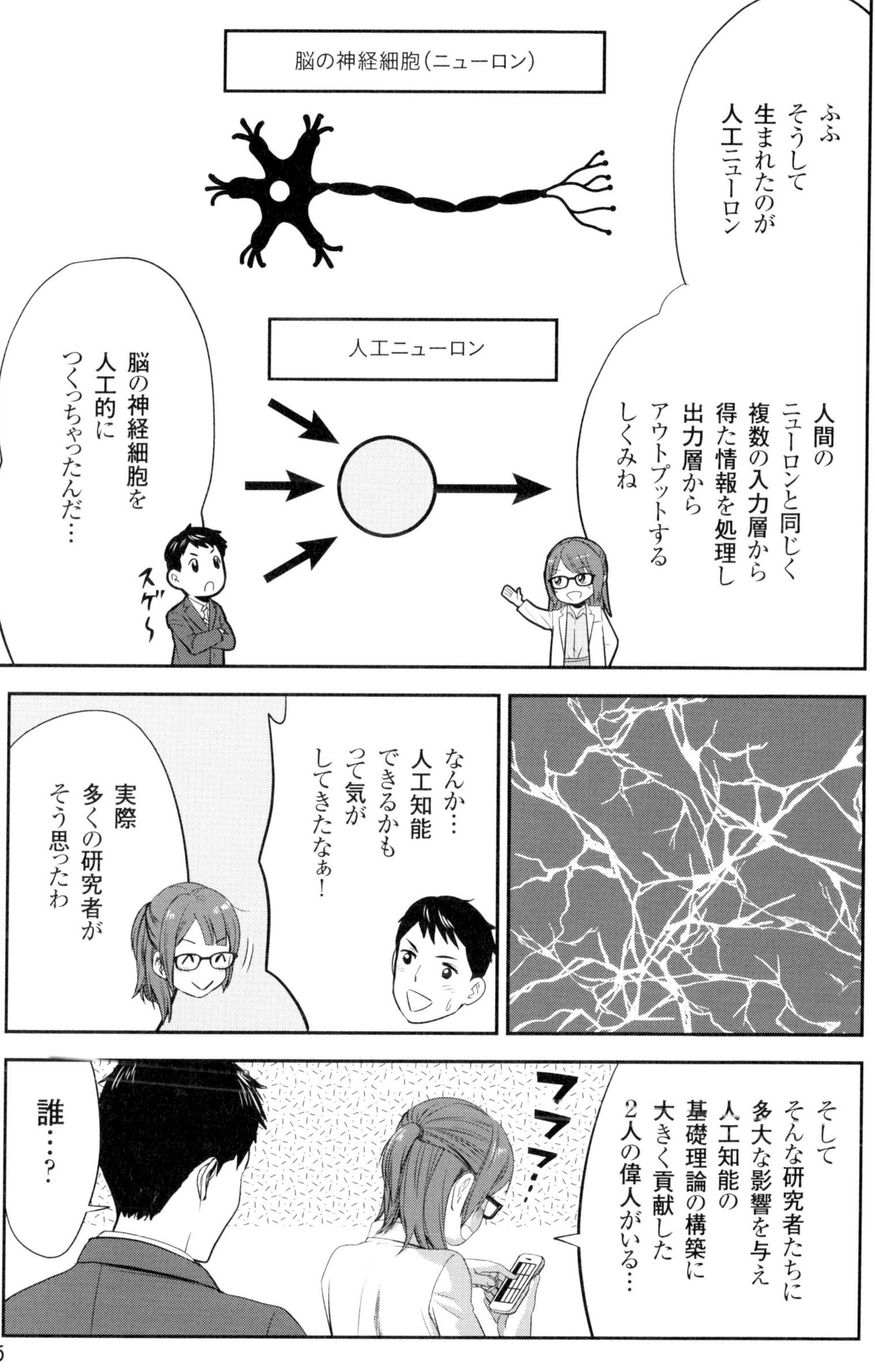
ふふ
そうして生まれたのが人工ニューロン
脳の神経細胞（ニューロン）
人工ニューロン
人間のニューロンと同じく複数の入力層から得た情報を処理し出力層からアウトプットするしくみね
脳の神経細胞を人工的につくっちゃったんだ…
スゲ〜
なんか…人工知能できるかもって気がしてきたなぁ!
実際多くの研究者がそう思ったわ
そしてそんな研究者たちに多大な影響を与え人工知能の基礎理論の構築に大きく貢献した2人の偉人がいる…
フフフ…
誰…?

チューリング・マシンと呼ばれる理論を提唱したイギリスの数学者アラン・チューリングと
チューリング・マシン
命令を書いた1本のテープを読み込ませ、機械をそのとおりに作動させるもの。プログラムの原型になる。
ノイマン型コンピュータを設計した万能型の天才ジョン・フォン・ノイマン!!
ノイマン型コンピュータ
現代のコンピュータの原型となるもので、パソコンやスマホ、タブレットなどはみんなノイマン型で動いている。
おどろくなかれ 2人がこうした成果を発表したのは汎用コンピュータが誕生する以前の話だからね
まさに天才!
おお まじか…
アイドルかよ…
2人が確立した基礎理論に加えコンピュータが登場したことでダートマス会議へとつながるの
当時の人工知能研究の第一人者たちが一堂に会した会議でここで初めて「人工知能(AI)」という言葉が使われたのよ

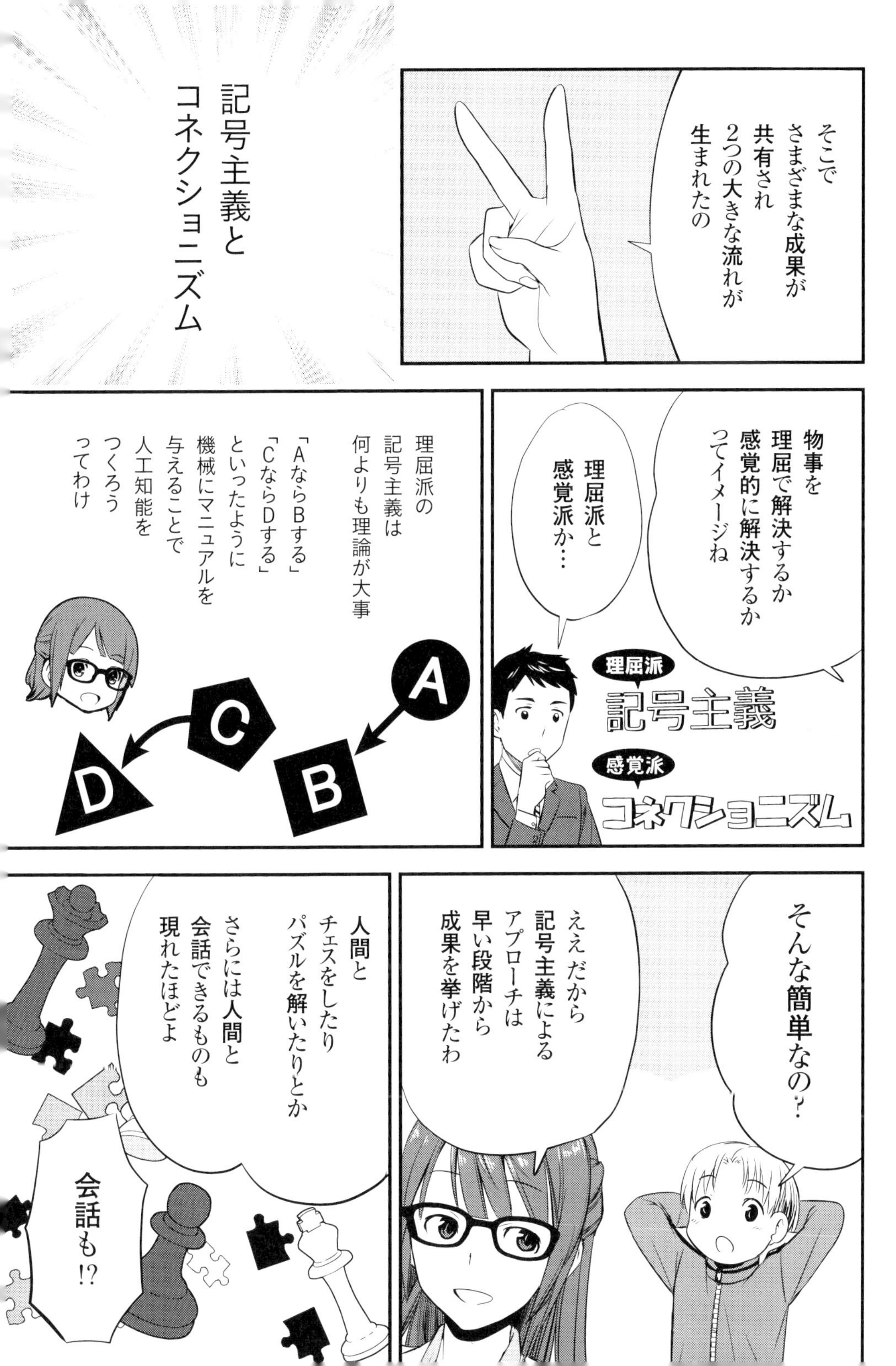

そこでさまざまな成果が共有され2つの大きな流れが生まれたの
記号主義とコネクショニズム
物事を理屈で解決するか感覚的に解決するかってイメージね
理屈派と感覚派か…
理屈派
記号主義
感覚派
コネクショニズム
理屈派の記号主義は何よりも理論が大事「AならBする」「CならDする」といったように機械にマニュアルを与えることで人工知能をつくろうってわけ
A
B
C
D
そんな簡単なの!?
ええだから記号主義によるアプローチは早い段階から成果を挙げたわ
人間とチェスをしたりパズルを解いたりとかさらには人間と会話できるものも現れたほどよ
会話も!?

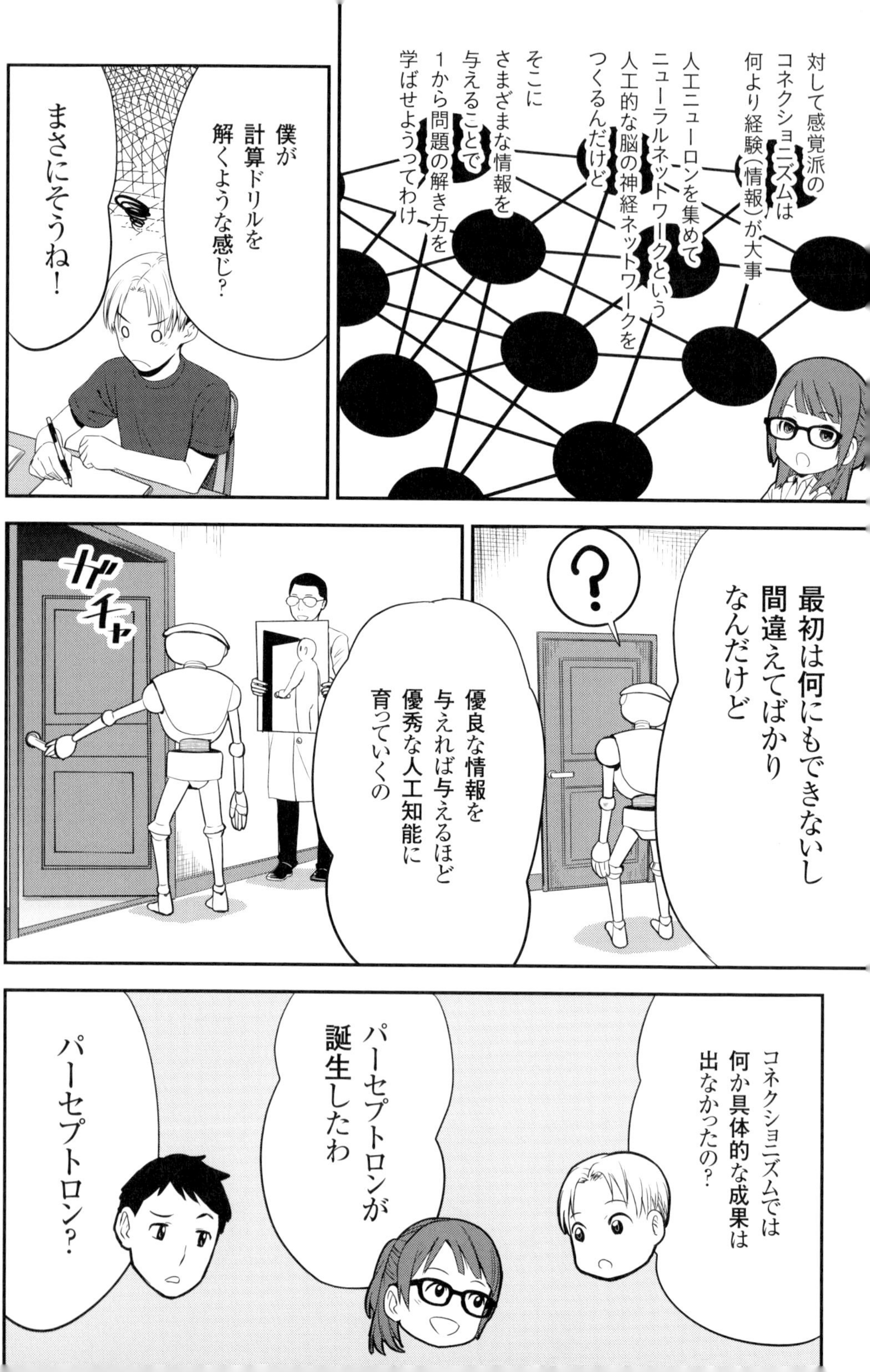

対して感覚派のコネクショニズムは何より経験（情報）が大事
人工ニューロンを集めてニューラルネットワークという人工的な脳の神経ネットワークをつくるんだけど
そこにさまざまな情報を与えることで1から問題の解き方を学ばせようってわけ
僕が計算ドリルを解くような感じ？
まさにそうね！
最初は何にもできないし間違えてばかりなんだけど
？
優良な情報を与えれば与えるほど優秀な人工知能に育っていくの
ガチャ
コネクショニズムでは何か具体的な成果は出なかったの？
パーセプトロンが誕生したわ
パーセプトロン？

自己学習するニューラルネットワークね
フム フム
自己学習！

ゼロから学習して問題を解けるようになる人工知能が生まれるとしたらすごいと思わない？

思うよ！

しかもチェスをしたりパズルを解いたりもできちゃうし！

当時の人びともそう思ったから一気に研究は盛り上がりを見せたの
でも期待が大きくなるほどあとの失望も大きくなるんだけどね…

ハア…

人工知能すげー！

おおい壊すなよ…？

1-1

1分でわかる

どうやって人工知能は生まれたの？

人工知能はどうやって生まれたのか？

ときは
20世紀の中頃…

「人間のように賢い機械」
それを生み出すのが人工知能研究

でも、当初は
それを実現するための理論も、方法もない…

じゃあどうやって
生まれたの？

詳しくはP.42へ！

きっかけ1

コンピュータの登場

人間がルールをつくることで、人間の複雑な思考を機械に伝えることができるようになった。

きっかけ2

脳の神経細胞の解明

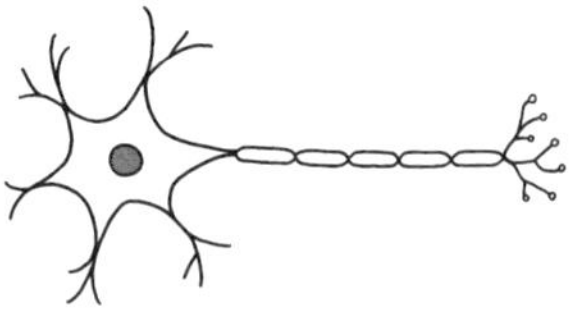

神経細胞がコンピュータに似ていることがわかり、脳を再現する可能性が生まれる。

理論では、少しだが光明が見えてきた！

その理論をどのように実現するか？

主な課題は……

・コンピュータが人間のルールを理解すること
・人間の脳のような情報伝達を行うこと

これには、複雑で高度な計算処理を行う機能が必要になる！

そこで考え出されたのが…

詳しくはP.44へ！

プログラムの元祖！

チューリング・マシン

１本のテープに人間が命令文（ルール）を記述し、機械がその命令文を実行するだけで、機械が数学的な問題を解決するもの。プログラムによる情報処理の基礎理論となる。

詳しくはP.44へ！

コンピュータのもと！

ノイマン型コンピュータ

プログラムをデータとして記憶し、そのデータを順番に読み込んで実行するコンピュータのこと。現在の汎用コンピュータのもととなる。

詳しくはP.43へ！

脳の神経細胞の再現！

人工ニューロン

人間の脳の神経細胞を模してつくられた人工的なニューロン。複数の入力層から受け取った情報を処理し、出力層からアウトプットする。

こうした成果がまとまった頃…

ダートマス会議の開催へ！

「コンピュータ」×「脳」で人間のように賢い機械をつくる

人工知能、つまり「人間のように賢い機械」をつくり出すにあたり、当初はそのための理論も方法もありませんでした。ところが、コンピュータの登場で状況が一変します。

機械はスイッチを入れれば、いつまでも働いてくれる便利な装置です。スイッチごとに役割を割り振ることができます。「Aのスイッチを入れたらアラームが鳴る」「Bのスイッチを入れたら照明がつく」など、スイッチをたくさんつくるほどさまざまな仕事をこなせるようになるのです。そうして大量のスイッチを扱えるようにしたのがコンピュータです。

スイッチは0（オフ）と1（オン）で表現され、0と1の組み合わせによってさまざまな役割をつくれます。最初は足し算と引き算くらいしかできませんでしたが、足し算と引き算を組み合わせれば掛け算や割り算ができるようになります。四則演算ができるようになれば、方程式や関数を扱えるようになります。こうしてコンピュータは、徐々に複雑なことができるようになっていきました。

また、コンピュータの登場以前に脳の神経細胞が解明されていたことも、大きな出来事でした。脳の神経細胞も、コンピュータと同じように0（オフ）と1（オン）だけで複雑な仕事をこなすしくみになっていることが判明していたのです。この2つの出来事により、コンピュータで脳の神経細胞を再現した人工ニューロンが誕生します。これらが人工知能研究の第一歩となりました。

神経細胞を模してつくられた人工ニューロン

得られる情報に応じてネットワークが進化する脳の神経細胞のしくみをコンピュータに応用し、神経細胞を模した人工ニューロンがつくられた。

脳の神経細胞 → **人工ニューロン**

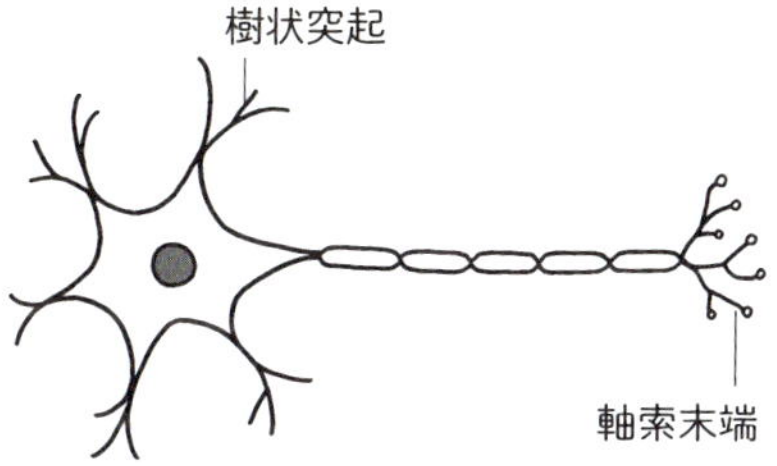

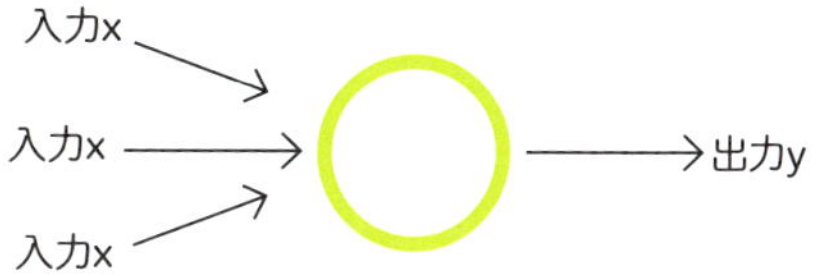

脳の神経細胞は樹《じゅ》状《じょう》突《とっ》起《き》から入力された情報をニューロンで処理し、軸索末端《じくさくまったん》から出力していく。ニューロン同士をつなぐのがシナプスである。

人工ニューロンでは脳の神経細胞と同じく、入力層から受け取った情報を処理し、出力層に伝えることができる。

AI こぼれ話

コンピュータの性能向上とともに人工知能への期待が広がる

コンピュータが開発された時期は、第二次世界大戦とも重なりました。そのため、軍事利用という側面からも、コンピュータの技術開発は世界的に活発化しました。コンピュータの性能はみるみる向上し、その活用法は軍事利用も含めて多岐に渡るようになります。

その中でも、コンピュータで人工知能を実現できるかもしれないという期待はとくに大きなものでした。そうした人工知能研究への関心は研究者だけではなく、政府にも広がり、大規模な研究開発への投資が行われるようになります。また、国民レベルでの関心度も高まり、人工知能を題材とした小説や映画などのSF作品が流行しました。

こうして多くの人の期待感のふくらみとともに、「人工知能」という言葉は幅広く世間に定着し、第一次人工知能ブームと呼ばれる時代へとつながっていくのです。

初めて人工知能を発想した2人の天才

「コンピュータがあれば人工知能をつくれる」という発想をより具体的な理論で示した代表的な人物として、アラン・チューリングとジョン・フォン・ノイマンの2人が挙げられます。

まず、チューリングはコンピュータの登場よりも前に、チューリング・マシンというプログラムの原型となる理論を考案していました。さらに人工知能の原案となる「知能を持つ機械」も考え出し、実際にチェスをする手計算のプログラムをつくり出します。彼は人工知能という言葉すら存在しなかった時代に、1人で人工知能に近い概念を生み出し、人工知能研究を始めるためのお膳立てをしてしまったのです。

一方、ノイマンは多方面で活躍した天才で、現代のコンピュータの原型となるノイマン型コンピュータを設計しました。現代のパソコンやスマートフォン、タブレットなどの電子機器の多くがノイマン型で動いています。

チューリングとノイマンが構築した基礎理論に加え、コンピュータが登場したことにより、人工知能研究を行う土壌《どじょう》が整います。そして1956年、ダートマス会議が開催されました。当時の人工知能研究の第一人者たちが一堂に会し、研究成果の共有と意見交換を行ったものです。この会議で初めて「人工知能（AI）」という言葉が使われました。ダートマス会議が、本格的な人工知能研究の出発点となったのです。

人工知能研究が始まるまで

コンピュータが登場した20世紀中頃、すぐに「コンピュータで人工知能をつくる」という発想を思いついた人たちがいるというのは大変なおどろきだ。

アラン・チューリング
（1912-1954年）

イギリスの数学者で、エニグマ暗号機を利用した暗号文の解読でも知られる。「チューリング・テスト」と呼ばれる「知能を持った機械かどうか」を判別する手法も考案した。

ジョン・フォン・ノイマン
（1903-1957年）

量子力学の理論を１つにまとめ、核兵器開発に関わり、数多くの経済理論を構築するなど、幅広い分野で活躍。コンピュータが自己増殖する「セル・オートマトン」という理論もつくった。

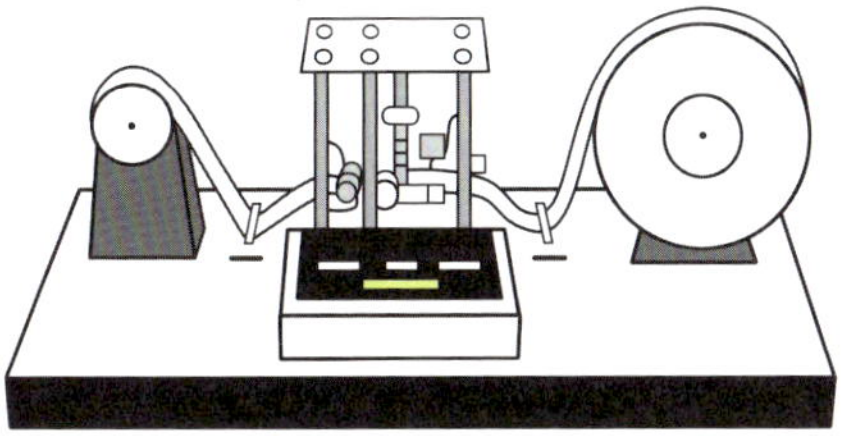

チューリング・マシンの考案！

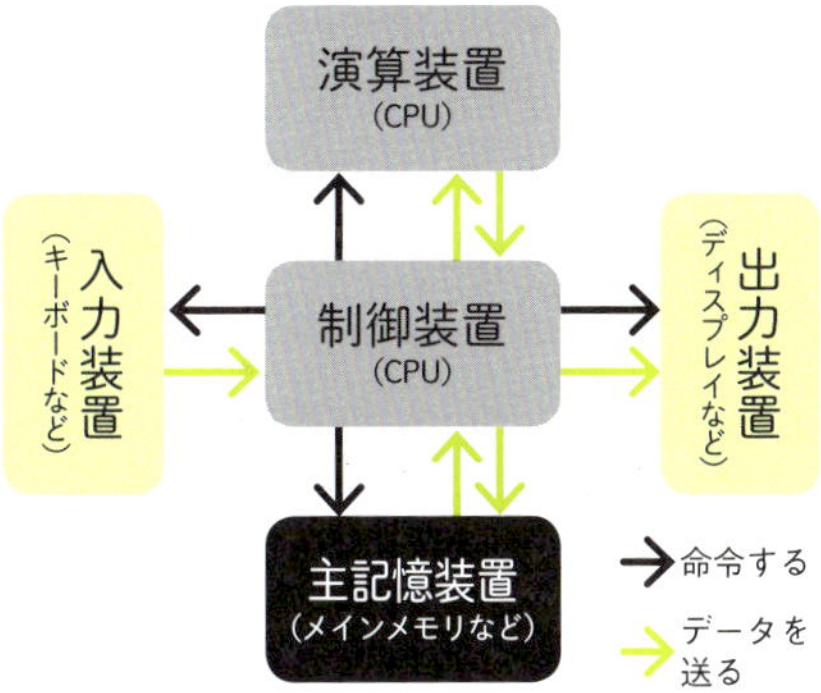

演算装置
(CPU)
入力装置
(キーボードなど)
制御装置
(CPU)
出力装置
(ディスプレイなど)
主記憶装置
(メインメモリなど)
命令する
データを送る

ノイマン型コンピュータの設計！

人工知能研究の基礎理論が確立される！

1956年 ダートマス会議の開催へ！

それまでの研究成果が共有され、人工知能研究の目標が定められた。

- マービン・ミンスキー
- ジョン・マッカーシー
- クロード・ジャノン
- アレン・ニューウェル
- ハーバート・サイモン

など、チューリングやノイマンの後進世代にあたる優秀な研究者たちが集った。

1-2

1分でわかる

どんな方法で人工知能をつくったの？

アプローチ1　記号主義

理屈派！

人間の知能・知識を記号化し、
マニュアル化するアプローチ

↓

問題に対応するためのマニュアルがあり、
そのマニュアルに従えるコンピュータがあればOK！

「Aをしたら B をする」
「Cを見つけたら D をする」
「Eになったら、Fをする」
など

＼　詳しくはP.48へ！　／

↓

理詰めで解決できる問題、マニュアル化できる分野に強い！

チェス、パズル、迷路など。

言葉で上手に説明できない問題、理論がつくれない分野に弱い！

画像認識、音声認識など。

↓

**記号主義は人工知能技術の
基礎となるアプローチに！**

アプローチ2　コネクショニズム

感覚派！

脳の神経ネットワークの再現を目指すアプローチ

人工知能の学習に必要な
優良な経験（情報）があればOK！

人工知能が
自ら経験してもよいし、
過去の統計データを
使ってもよい！

詳しくはP.50へ！

人間が言葉で説明できない問題、経験から学んだほうが早い分野に強い！

どのような思考をしているかは、人間にもわからない。

現在の「ディープラーニング」につながる！

「記号主義」で人間の思考をマニュアル化する

記号主義とは、知能や知識は記号（言語や数式）で表現できるという立場から人工知能づくりを目指すアプローチのことです。「AをしたらB」「Cを見つけたらD」「EになったらF」など、人工知能はあらかじめ用意されたマニュアルに従って動作するだけです。

しくみが簡単で理解しやすく、つくりやすいことから、記号主義によるアプローチは早い段階から、さまざまな成果を挙げてきました。チェスをする人工知能やパズルを解く人工知能などが、その代表例です。高い計算力を活かして、大人でも難しいことを素早くやってのけたことで、多くの期待を集めました。

マニュアル1つで人工知能がチェスをプレイできるようになるなら、ほかにもたくさんのことができそうです。障害物を避けたいなら、「物にぶつかったら、少し下がって方向転換する」「物にぶつかった場所を覚えておき、次からは通らない」といったマニュアルをつくればOK。これを発展させ、「前方レーダーに反応があったら、ブレーキを踏む」「白線や壁との距離が縮まったらハンドルを動かす」などといったマニュアル化で実現を目指しているのが自動運転車です。

ただし、現実世界で起こるすべての出来事に対応できるマニュアルをつくるのは至難の業です。それでも、理詰めのマニュアルにコンピュータを従わせることで、知能らしきものがつくれる点が記号主義の強みといえます。

▼チェスをする人工知能
1960年代には、Mac Hack（マック ハック）というプログラムが登場し、チェスのアマチュアプレイヤーに勝つまでになる。

▼パズルを解く人工知能
杭（塔）に刺さっているリングを移動させるパズルゲームである「ハノイの塔」を、簡単に問いてみせる人工知能が現れた。

記号主義のマニュアルってどんなもの?

人工知能が持つコンピュータは「高度な計算装置」であるため、理詰めのマニュアルを与えれば、大人でも難しい計算を高速で行うことができる。

チェスAIのマニュアル

1. 今の局面から、自らが「次に打てる手」をすべて検討せよ。
2. すべての「次に打てる手」に対して、「敵が打てる手」をすべて検討せよ。
3. すべての「敵が打てる手」に対して、自らが「次に打てる手」をすべて検討せよ。
4. どちらかのキングが奪われるか、引き分けになるまで検討を続けよ。
5. 検討した手の中から、最短で敵のキングを奪える手を打て。

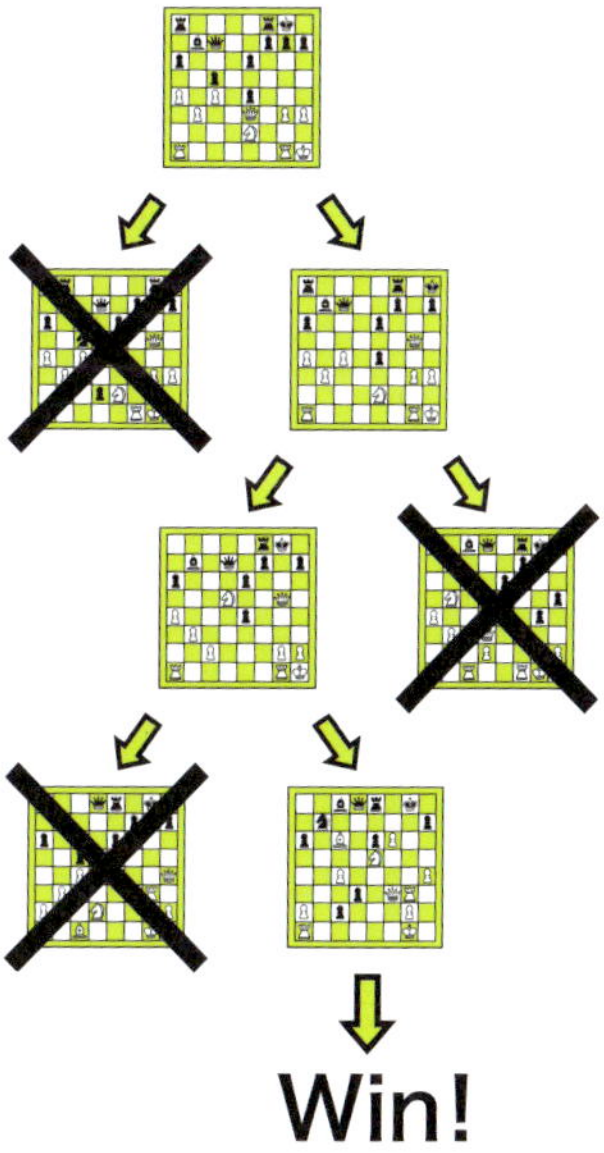

要するに「ありとあらゆる可能性を検討して、その中からもっとも早く敵を倒せる方法を選べ」という命令ね

計算能力が高ければ、難なくこなしちゃいそうだね

ポイント

検討したすべての選択肢の中から、どのルートを選ぶかという選択基準に関するルールを洗練するだけで、簡単に強くすることができる。

問題点

あまりに簡潔な命令なので、⑤で導き出した最短ルートを敵に封じられたり、敵に攻め込まれたりすることであっさり負ける。

脳のしくみを再現する！「コネクショニズム」

【マメ知識】
囲碁で有名になったAlphaGoはニューラルネットワークだけでなく、理詰めのマニュアルも扱うことで、人間のトップ囲碁棋士に勝てるまでになった。

コネクショニズムとは、人間の脳の働きをそのままコンピュータで再現するアプローチのことです。ニューラルネットワークを学習させることが、そのスタートラインとなります。ニューラルネットワークとは、人工ニューロンが集まってできたもので、まさに人間の脳細胞の再現を目指したものです。

ニューラルネットワークを使った人工知能にはマニュアルがないので、最初は何もできません。学習を積み重ね、問題の解き方を少しずつ覚えていくことで賢くなっていきます。こうした学習に必要なのは、経験（情報）です。人工知能が自ら行動を起こして得た経験でもよいですし、すでにある統計データなどを使うこともできます。

ニューラルネットワークの成長は、学習教材となる情報の質の良し悪しで決まります。情報の質が悪ければ、どんなに素晴らしいニューラルネットワークをつくっても意味がありません。しかし、人間がマニュアルをつくれない複雑な問題であっても、十分な数の問題と答えが用意されていれば、ニューラルネットワークは解けるようになります。

ニューラルネットワークの場合、数学の問題のように理詰めで考える問題を学ぶには、とんでもなく時間がかかります。反対に言葉では説明しにくいこと、経験値を増やすことでコツがつかめることを学習するときに、強みを発揮します。この点からも、記号主義とは正反対のアプローチだとわかります。

コネクショニズムのニューラルネットワークってどんなもの?

コネクショニズムによってつくられた人工知能は、いわば感覚派。マニュアル化できない問題に強みを発揮する。

ニューラルネットワーク

入力

猫や犬などの映像情報が入力される。

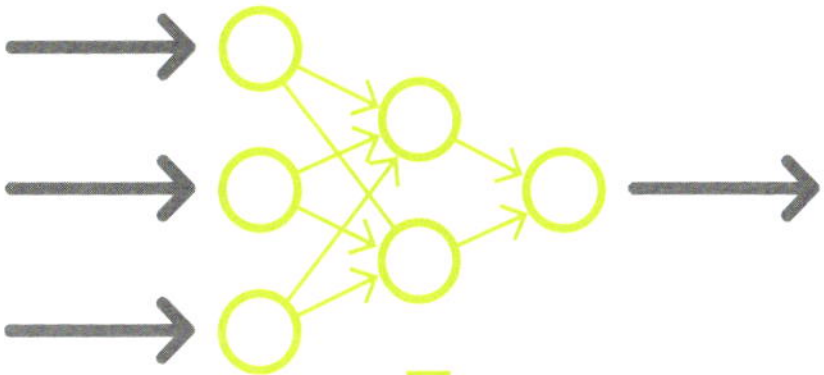

出力

「これは猫です」「これは犬です」などと出力する。

こうした人工ニューロンが集まってできたものがニューラルネットワーク!

●生まれたばかりのニューラルネットワーク

問題を与えても、何もできない。あるいは、間違った答えばかりを出す。

●たくさんの問題（経験、情報）を与える

問題にチャレンジし、成功したら繰り返し、失敗したらやめる形で学ぶ。

人間がマニュアル化できない複雑な問題でも、
人工知能が自ら考えて答えを出せるようになる!

初期の人工知能研究はすぐに成果を挙げた

　先に大きな成果を挙げたのは、記号主義のアプローチでつくられた人工知能でした。理屈で解決できる問題が得意なので、数学の問題をはじめ、パズルやチェス、迷路など、人間ですら簡単には解けない問題を解いたほか、ついには人間の言葉まで話すようになったのです。

　人間の言葉を話す人工知能をチャットボットと呼びます。当時のチャットボットは単純な会話しかできませんでしたが、それでも人間の言葉を話し、人間の問いかけにも答えました。実際に少なくない数の人間をだます（人工知能だと気づかれない）ことに成功しています。

　一方、コネクショニズムでは、パーセプトロンと呼ばれる小型のニューラルネットワークが登場し、学習機能を持っていることで注目を集めました。ゼロから学習して問題を解く人工知能が生まれるかもしれないと、期待されたのです。

　これらは本当に大きな成果です。生まれたばかりの子どもが大人相手にチェスをして、難しいパズルを解き、大人のような会話を行い、解き方を教えていない問題を自分で学んで解き始めたようなものです。当時の人びとが、「人工知能は賢い！」「世紀の発明で、いつか社会を一変させる！」と思うのも当然のことでしょう。こうして、もっとお金をつぎ込んで、どんどん成長させようという流れが生まれ、研究はさらに進んでいくのです。

【マメ知識】
48ページで紹介した「ハノイの塔」は、すべてのリングを左端の塔から右端の塔へと移動させるパズル。リングの数が増えるほど難しくなるが、どんなに増えても人工知能は解けた。

▼チャットボット
1966年に登場したELIZA（イライザ）は初期のチャットボットの代表格。言葉を理解する能力はなかったが、「上手に返答するためのマニュアル」によって会話を成立させていた。

初期の人工知能研究が生んだ成果

記号主義の成果

- 数学の問題、パズル、チェス、迷路など、大人でも難しいと感じる問題を解けるようになった。
- 人間と会話ができるチャットボットが誕生した。

昨日の雨はひどかったですね
チャットで会話
傘を持っていたので助かりました

人工知能だと気づかせずに会話を成立させることにも成功した！

コネクショニズムの成果

- 自己学習できるパーセプトロンが発明された。

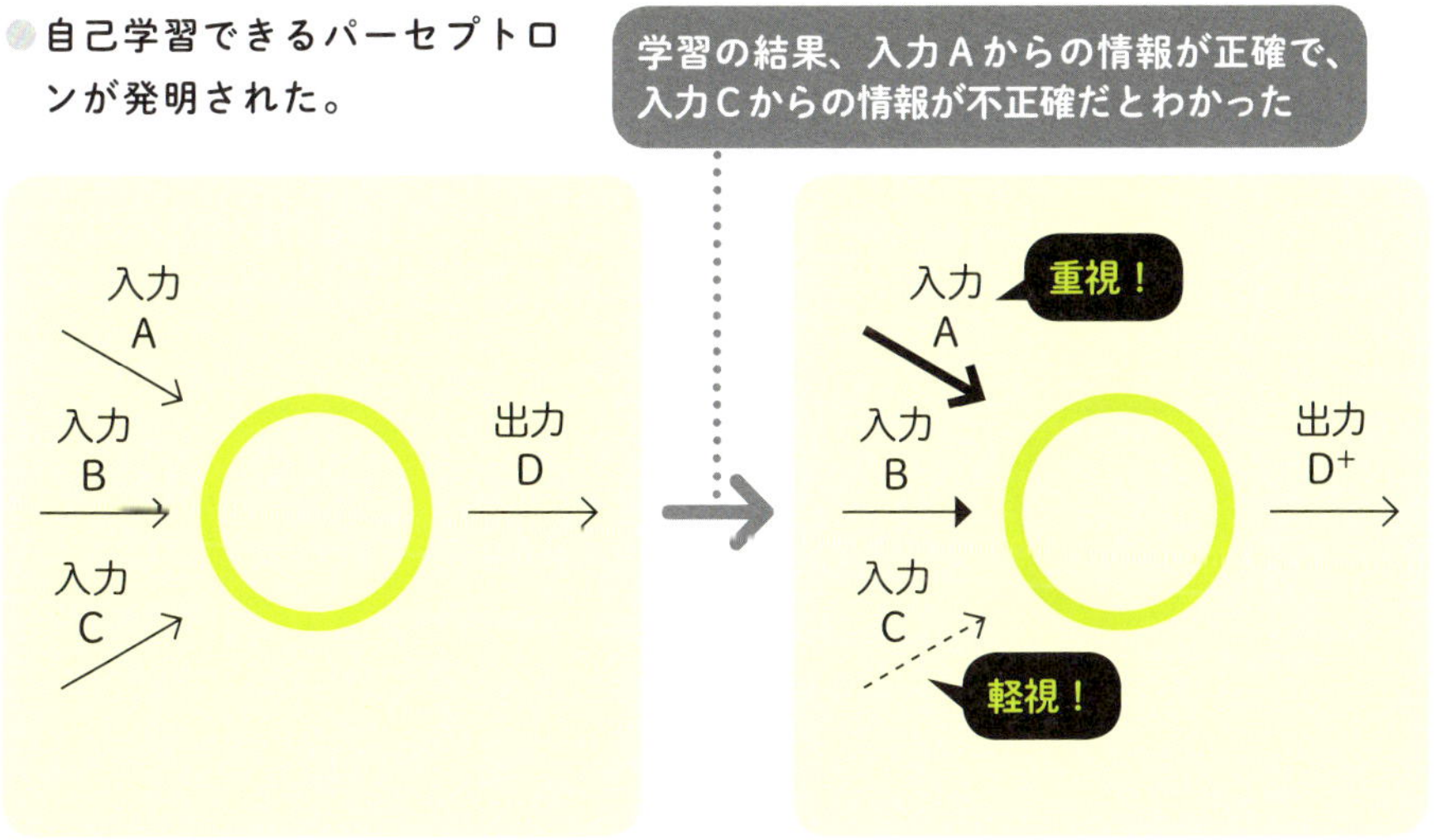
学習の結果、入力Aからの情報が正確で、入力Cからの情報が不正確だとわかった
入力A
入力B
入力C
出力D
入力A
重視！
入力B
入力C
軽視！
出力D+

複数の入力層から情報を受け取り、出力されるしくみは人工ニューロンと同じ。

次回から入力Aの情報を重視し、入力Cの情報を軽視する。これを「重みづけ」という。

チョッパーくんは
ほかにどんなこと
できるのかな～
ドーン
ん？
コンニチハ
ぎゃー!!
ばけもの!?
失礼な！
私はばけものじゃ
ありません！
なっ…
なんだこいつ
会話による
感情表現が
できる
人工知能
ロボットよ
あなたのママの
すっぴん顔のほうが
ばけものでしょう？
プッ
あはは！
これ本当に
人工知能なの？

どう？
人工知能は
賢いと感じた？
うん！
人間の僕と
会話できるんだから
賢いと思うよ？
それも1つの
判定方法ね
ん？
チューリング・テストといって
調子どう？
ボチボチっす
会話してみて
人間だと思ったら
「知能がある」って
判定する方法があるの
わかりやすいのが
利点なんだけど
批判も受けたわ
そうなの？
「中国語の部屋」
って知ってる？
フル フル
裕太くんは
中国語を話せる？
無理だよ～

じゃあ「謝謝《シェイシェイ》」って言ったら「不客気《ブゥークゥー》」って返事してくれる？

うん…

謝謝！

…不客気
すごいわ！裕太くんは中国語を話せるのね！

パチ パチ パチ パチ
？

あの…京子さん…？

…って何も知らない中国人が見たら思うでしょうね
！

つまりマニュアルどおりに会話をしてるだけでは本当に知能があるとは言えないってこと？

そのとおり！

ちなみに「謝謝」は〝ありがとう〟「不客気」は〝どういたしまして〟という意味よ

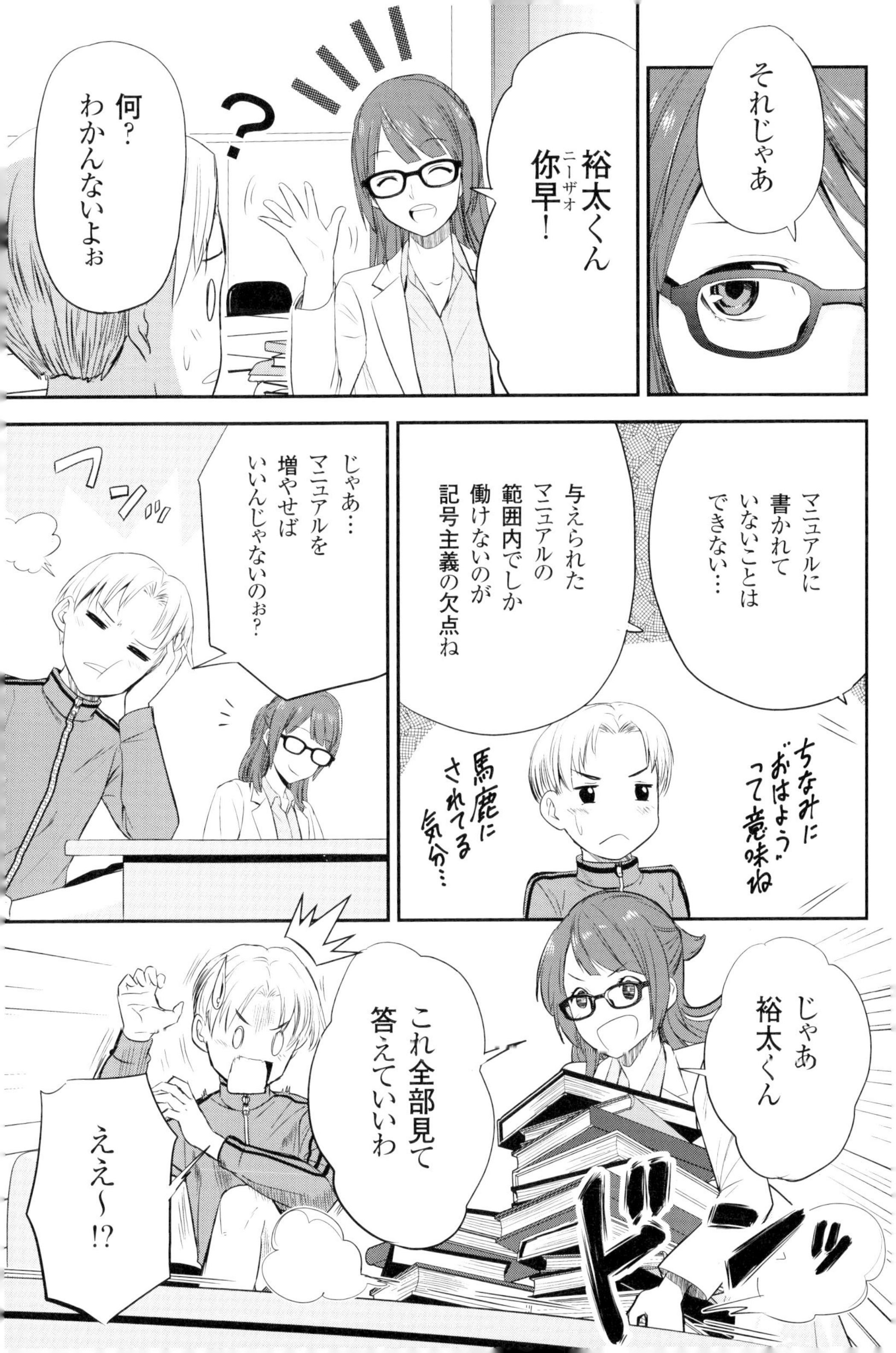
それじゃあ
裕太くん
你早《ニーザオ》！
何？
わかんないよぉ
マニュアルに書かれていないことはできない…
与えられたマニュアルの範囲内でしか働けないのが記号主義の欠点ね
ちなみにおはようって意味ね
馬鹿にされてる気分…
じゃあ…マニュアルを増やせばいいんじゃないのぉ？
フンッ
じゃあ裕太くん
これ全部見て答えていいわ
ドンッ
ええ～!?

じゃあ…
要茶《ヤオチャ》
えっ
何?・
えっと…
……やっぱり
無理だよぉ
バン
そうね
関係ないページまで
読んでいたら
日が暮れちゃう
今のと
同じようなことが
人工知能にも
起こったの
組み合わせ次第で
可能性は無限大になり
とてもすべての
組み合わせを
検討することなんて
できない…
これを
「組み合わせ爆発」
というわ
うーん…
マニュアルは
完璧にこなすけど
それ以外のことは
まったくできない
マニュアルを
増やすと
とても対応
しきれない…
これが
記号主義の
ぶち当たった
大きな壁か
じゃあ
コネクショニズムの
ほうは?
じゃあ
裕太くんに
中国語を
教えるために…

中国語
教師を
20人くらい
雇って
最新型
コンピュータを
100台くらい
買って来て
くれる?
なっなんで…?
コネクショニズムに
大事なのは
経験(情報)を与えること
だから優秀な
教師を揃え
大量のデータを
与える必要が
あるのよ
しかも
当時の技術では
それを管理するのに
大型コンピュータを
いくつも
必要とした
それは困難で
コネクショニズムの
研究はなかなか
成果が出なかったわ
どっちも
だめ
じゃーん
そういう失望が
広がって
第一次AIブームは
終息していったの
ハァー
人工知能って
まだまだ
未熟者なんだな
だなー
まったく…
極端ね

1-3

1分でわかる

最初の人工知能が直面した限界って何？

どうやって知能の有無を判定するのか？

いろんな成果が挙がったけれど…

「本当にそれで知能があるといえるのか」
という疑問が生まれる。

知能の判定する
方法が必要だ！

詳しくはP.62へ！

チューリング・テスト
人間と人工知能を会話させて、
人工知能を人間だと思わせたら、
「その人工知能には知能がある」と判定する。

詳しくはP.63へ！

「中国語の部屋」による批判！
ただ記号的なやりとりをするだけなら、
言語を理解していなくてもできる。
それでは知能があるとはいえない！

詳しくはP.63へ！

そもそも
「言葉を理解しているとはどういうことか？」
＝
シンボルグラウンディング問題が浮上

人工知能がぶつかった壁とは？

人工知能と人間を比較していったら…

詳しくはP.66へ！

モラベックのパラドクス

「人間が簡単だと思っていることが、人工知能にとっては難しい」と判明する

**人間が不得意で
人工知能が得意な問題**

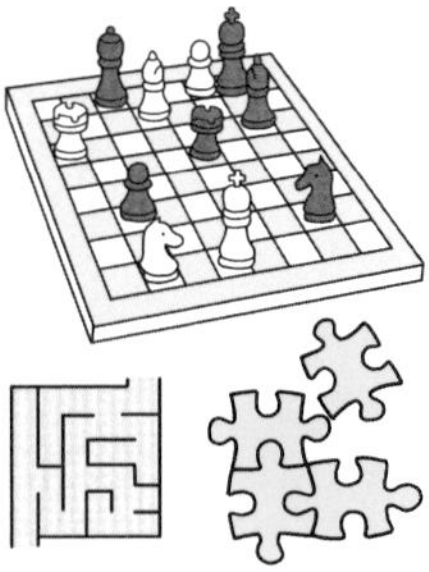

論理的なパズルや難解な計算を速く正確に解くこと（論理的な問題）。

**人工知能が不得意で
人間が得意な問題**

人の顔を見分けたり、音を聞き分けたりすること（感覚的な問題）。

どうやら人工知能にもできないことはあるらしい

**人間と遜色ない汎用AIは無理でも、
人間並みの仕事ができる特化AIならつくれるのでは？**

しかし、大きな壁にぶつかる

フレーム問題

フレームの範囲内でしか、働くことができない。与えられるフレームの範囲は限られている。

組み合わせ爆発

フレームを大きくするか、組み合わせれば範囲は広がるが、可能性が爆発的に増えて処理しきれなくなる。

知能の有無はどう見分けるの？

チェスで人間に勝ったり、難解なパズルを解いたりといった成果が増えてくると、今度は「本当にそれで知能があるといえるのか？」という疑問が生まれてきました。

そんな疑惑を払拭するために登場したのが、チューリング・テストです。人間が人工知能と会話をして、人間が人工知能を「人間だ」と回答したら「知能がある」と判断するテストです。直感的に判断できるのが利点です。ただし、人間をだますには知能だけでなく、わざとミスをするようなおろかさも必要です。その点で、完璧なテストとはいえませんでした。

さらに致命的な問題として、記号主義による人工知能は、「Aと言われたらBと返す」など、あらかじめ設定された会話パターンに

チューリング・テストとは

試験官役の人間が、複数の人工知能や人間とチャット機能を通じて会話を行い、どれが人間で、どれが人工知能かを見分けるテスト。

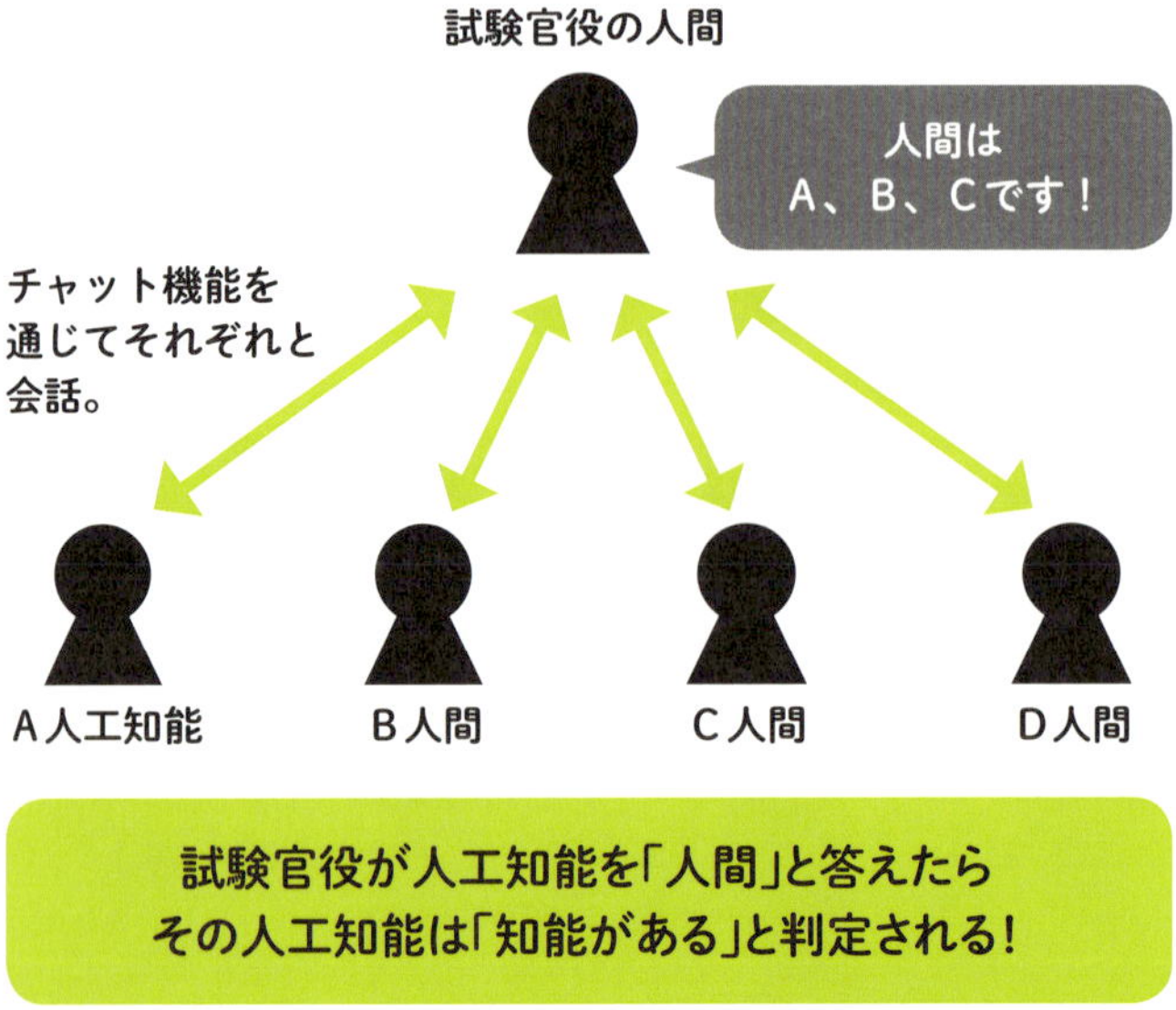
試験官役の人間
人間は
A、B、Cです！
チャット機能を
通じてそれぞれと
会話。
A人工知能
B人間
C人間
D人間

試験官役が人工知能を「人間」と答えたら
その人工知能は「知能がある」と判定される！

合わせて返答するだけのものでした。相手の言葉を理解し、自分で返事を考えていたわけではないのです。このことは、「中国語の部屋」と呼ばれる思考実験で批判を受けました。マニュアルに書いてあるとおりに外国語を話しただけでは、外国語を理解していることにならないという批判です。

そうなると、「言葉を理解しているってどういうこと？」という議論にもつながります。たとえば、私たちは「水」という言葉を聞いたとき、それが水道水のことか、ミネラルウォーターのことか、あるいは海や川の水かなどは、会話の状況や文脈で難なく判断できます。一方、チャットボットは「水」に対してマニュアル化された返事しかできないので、柔軟な会話ができません。このように言葉が現実と結びついているかどうかという問題を、シンボルグラウンディング問題と呼びます。

「言葉の理解」を知能の基準にするだけでも、これだけの問題を抱えていたのです。

「中国語の部屋」という批判

中国語の部屋

中国語のマニュアル本が置かれた部屋に、中国語のわからない人を押し込め、部屋の外にいる中国人と手紙で会話をさせる。

MANUAL

中の人は「●●●と書かれていたら▲▲▲と返事する」などと書かれたマニュアルに従うだけなので、中国語の意味がわからずとも対応できる。

外の人は「中の人は中国語を知っている！」と勘違いする。

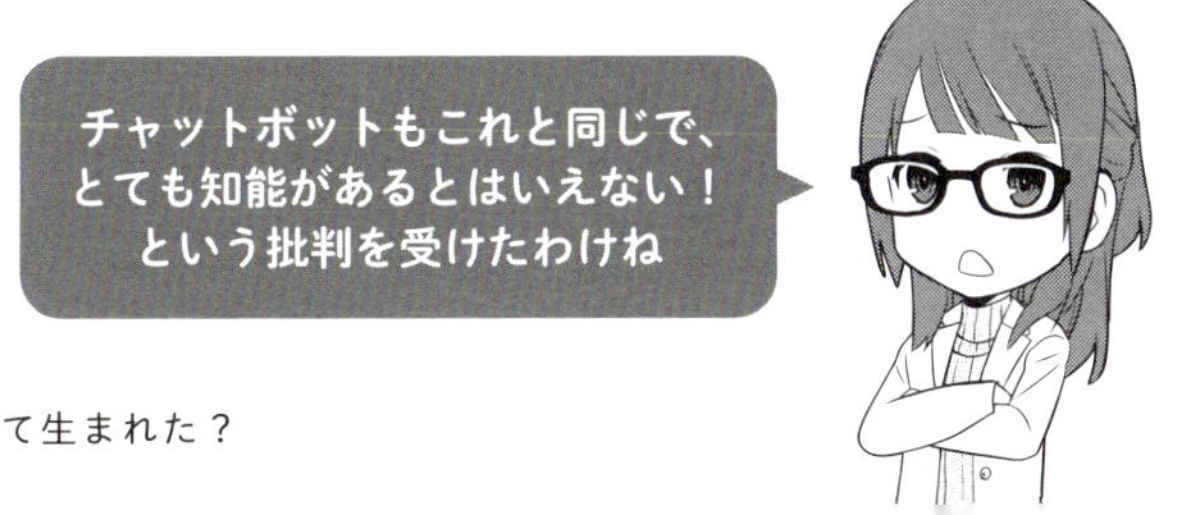
チャットボットもこれと同じで、
とても知能があるとはいえない！
という批判を受けたわけね

見せかけの知能「弱いＡＩ」人間並みの知能「強いＡＩ」

人工知能に人間のような知能はなくとも、何らかの知能があるようには見えます。しかし、つくりたいのは本当に人間のような知能を持つ人工知能です。そこで、見た目だけでも知能があるように見えるものを「弱いＡＩ」と呼び、人間並みの知能と意識を持つ人工知能を「強いＡＩ」と呼ぶことにしました。

ただし、人間そっくりの知能を持つ強いＡＩはあくまで理想論です。まるきり同じでなくてもよいから、人間と同じ程度の仕事をこなせるだけの知能を持たせればよいという考え方もありました。そこで、チェスやパズルのＡＩのように特定の分野で強みを発揮する人工知能を「特化ＡＩ」と呼び、人間のように何でもできる人工知能を「汎用ＡＩ」と呼ぶことにしました。理想は汎用ＡＩだけれども、使う状況を間違わなければ特化ＡＩで十分に事が足りるというわけです。

ところが、つくり方次第では汎用ＡＩが弱いＡＩになってしまうこともあります。つまり、誰もが見間違うほど人間そっくりのアンドロイドが登場しても、その思考回路が極めて機械的で、人間らしさや意識がなければ、弱いＡＩに分類されてしまうのです。

いずれにしても、人間の知能を完全再現するような人工知能は今も昔も存在しません。そして、人工知能と人間の知能は違うということが明白になるにつれ、人工知能と人間の違いが、より具体的に議論されるようになりました。

▼**意識**
意識に必要な条件はいろいろ議論されているが、その1つは「自分の存在を認識できる状態」とされている。哲学者デカルトによる「我思う、故に我あり」などの命題が有名。

強いAIと弱いAI、汎用AIと特化AI

人工知能の種類を分けるため、「強いAIと弱いAI」「汎用AIと特化AI」という概念がつくられた。それぞれ似ているようで、微妙に異なる特徴を持つ。

特化AI

特定のタスクに限り、人間並みかそれ以上に賢い人工知能。

例 AlphaGoやWatson、Bonanzaなど。

汎用AI

あらゆるタスクにおいて、人間並みかそれ以上に賢い人工知能。

例 存在しない

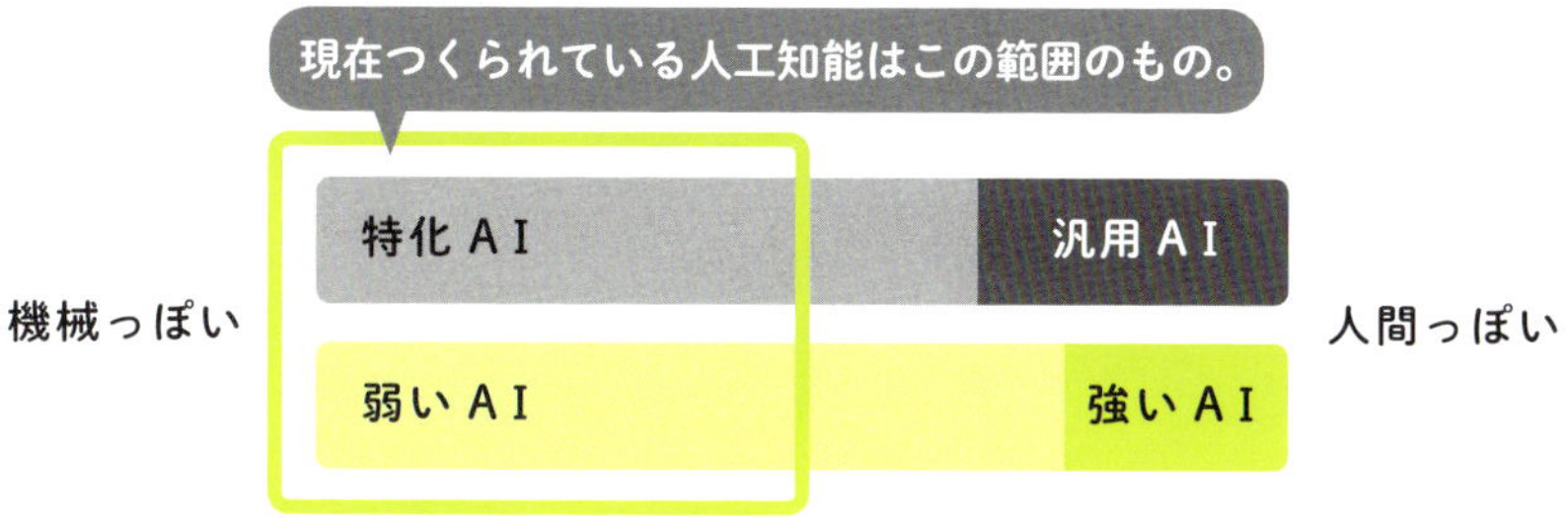
現在つくられている人工知能はこの範囲のもの。
特化AI
汎用AI
機械っぽい
人間っぽい
弱いAI
強いAI

弱いAI

人間のように振る舞えるだけの人工知能。

例 特化AIに分類されるものすべて。特化AIを集積させた汎用AI。

強いAI

人間の知能そのものが精巧に再現され、意識すら持つほどの人工知能。

例 存在しない

苦手と限界の発見で終わった第一次ブーム

人間と人工知能で明確に差があるのは、計算能力でしょう。人工知能はコンピュータでつくられているので、とにかく計算が得意です。そのため、論理的な課題に対し、圧倒的な賢さを発揮します。一方、人の顔を見分けたり、音を聞き分けたり、言語を翻訳したりといった感覚的な問題がめっぽう苦手でした。それに対して人間は、たとえば初対面の人と会っても、「この人は面長の顔で、目が大きめで…」と特徴を捉えて認識することができます。このようなことから、「人間が簡単だと思っていることが、人工知能にとっては難しい」という事実が明らかになりました。これをモラベックのパラドクスといいます。

さらに理屈派の人工知能は、理詰めで考え

モラベックのパラドクス

人間の得意・不得意と人工知能の得意・不得意が逆説の関係にあることを、提唱者であるハンス・モラベックの名をとり、モラベックのパラドクスと呼ぶ。

不得意
得意
人間
論理的な問題
論理的なパズルや難解な計算を速く正確に解くこと。
人工知能
感覚的な問題
人の顔を見分けたり、音を聞き分けたり、言語を翻訳したりすること。
得意
不得意
人間
人工知能

るせいで柔軟性が足りない欠点もありました。「AならBしろ」というマニュアルがあったとき、「Aなら」という問題には完璧に対応できますが、「Cなら」という問題に対応できないのです。「○○だったら」という枠組みをフレームと呼びますが、フレームの中でしか物事を考えられない問題が明らかになりました。これをフレーム問題といいます。

　それなら「AからZまでのどれかだったら」とフレームを大きくする方法が考えられますが、これは各ケースの計算に膨大な時間がかかるので得策ではありません。しかも、現実世界の問題は、「AからZまで」ときれいにケース分けできるものではないので、やはりうまくいきません。

　感覚派（コネクショニズム）の人工知能はまだまだ賢さが足りず、先行して成果を挙げていた理屈派（記号主義）の人工知能はフレーム問題にぶち当たり、人びとは人工知能の限界を実感するようになりました。

フレーム問題と組み合わせ爆発

記号主義の場合

「AならB」「CならD」など、フレームの範囲内でしか働けない。

性能を上げるには？

1 フレームを大きくする

「AからZまで」と全パターンを計算させると時間がかかるし、そもそも全パターンを提示することもできない。

▶（フレーム問題）

2 フレームを組み合わせる

「A＋BならZ＋Yする」など、フレームを組み合わせることで応用力を高める。しかし、これでは可能性が爆発的に増えて処理しきれなくなる。

▶（組み合わせ爆発）

column 2

ゲームＡＩ開発に見る日本と欧米の違い

２０１７年現在、人工知能の技術開発は米国を中心とする欧米が世界をリードし、中国がそれを追随《ついずい》している状況です。日本も人工知能開発に力を入れていますが、ずいぶんと米国に離されてしまった印象を受けます。

これはゲームＡＩにもいえることです。一昔前まで、日本のゲームは世界でもトップクラスのクオリティを誇っており、さまざまな日本製ゲームが世界中で遊ばれていました。しかし、今では欧米のゲームのほうが人気になっています。この理由の１つが、ゲームＡＩにありました。

テレビゲームが登場したばかりの頃は、コンピュータの性能が限られており、ゲームＡＩといっても非常にシンプルなものしかつくれませんでした。そのような中、日本のゲーム開発者は巧みにゲームＡＩをつくり、「パックマン」や「ゼビウス」のようなたとえ中身はシンプルでも「賢く見えるゲームＡＩ」をつくっていたのです。一方、欧米のゲーム開発者は「本当に賢いゲームＡＩ」をつくろうとしていたため、技術が追いつかず、なかなかよいゲームがつくれませんでした。

ところが、コンピュータの性能が上がってくると状況が変わります。高度な人工知能がゲームに実装できるまでに技術が進歩すると、欧米のゲームＡＩ開発が実を結び、「ＨＡＬＯ」や「ＫＩＬＬＺＯＮＥ」など今までにはなかった「本当に賢いゲームＡＩ」が登場するようになりました。このゲームＡＩの性能差は、よりリアルな世界を表現する３Ｄゲームでよりはっきりと現れます。シューティングゲームやストラテジーゲームに搭載されたゲームＡＩたちが、こうしたリアルなゲーム世界の中で巧みにプレイヤーと戦うことで、ユーザーたちは本物さながらの体験をゲームで味わえるようになっていったのです。

ゲームは新しくて面白いものが人気になります。結果的に、欧米のゲームが世界を席巻《せっけん》するのも当然のことでした。日本は日本で独自路線を進んでゲームの多様性を示す一方、最近になってようやく近代的なゲームＡＩを導入し始めたことで盛り返しています。ただし、人工知能開発そのものが急激に進歩しているため、日本のゲーム開発者たちはこの流れに取り残されずに、欧米に追いつき、追い越すことが求められています。

第2章
どうすれば人工知能は成長するの?

当初の研究は、
世間の期待に応えられるほどの
成果を挙げることはできませんでした。
それでも研究者たちはあきらめず、
いかに人工知能を育てていくか、
そのアプローチを考え続けます。
それにより人工知能は「知識」を手に入れ、
機械学習によって
成長する力も獲得していきます。

お前は まだまだ未熟者 だったんだなぁ
部長に なんて 報告しよう…
そう？ いろんなこと 知っているし 頭いいと思うよ
裕太くん いい線 ついてるわね
はい、ジュース
賢さの基準として 知識量の重要性が 認められたのよ
どれだけたくさんの 知識を持っているか ということ？
ええ しかもただ情報が 多いだけではダメ
たとえば裕太くん 「植物」と聞いたら 何が浮かぶ？
えっ うーん…
いろんな種類があって 緑色で… あっ 花を咲かせるものも ある！

じゃあ
花を咲かせるには
どうしたら
いいかしら？
水をあげる！
光を当てて
光合成させる
そうこれが
情報と知識の違い
？
「植物」「花」「水」
「光」「光合成」
という言葉を
知っているだけでは
それは知識とは
いえない
花
水
光合成
植物
それらの関係性や
つながりを知っていて
はじめて知識になるの
太陽（光）
光合成
植物
裕太くんも誠司さんも
植物という言葉から
いろんなことを
イメージしたよね
「植物にはいろんな種類がある」
「植物は緑色」
「植物が成長すると花が咲く」
「植物を成長させるには水や光合成が必要」
「光を当てることで光合成という作用が起こる」

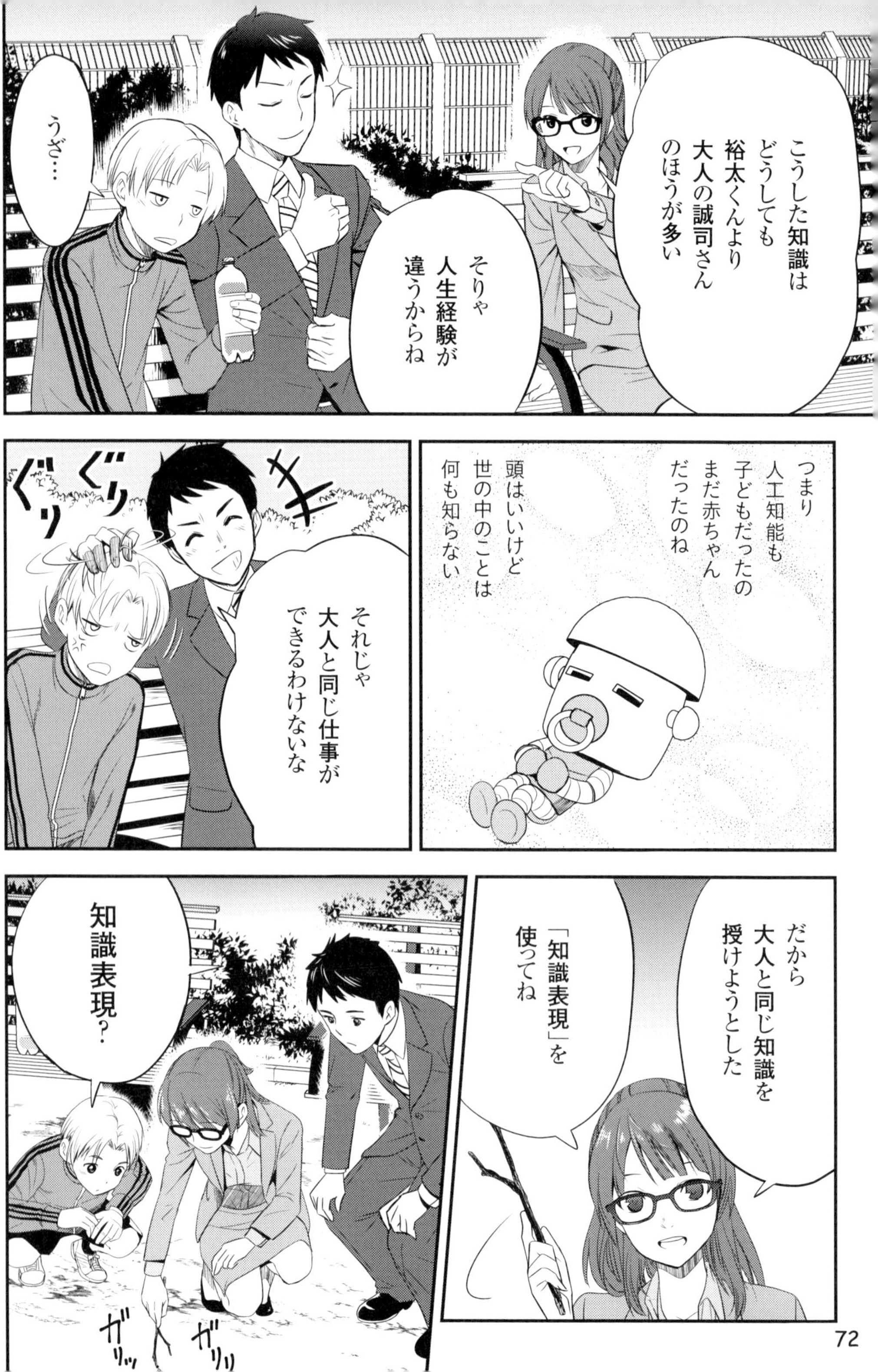

こうした知識は
どうしても
裕太くんより
大人の誠司さん
のほうが多い
そりゃ
人生経験が
違うからね
うざ…
つまり
人工知能も
子どもだったの
まだ赤ちゃん
だったのね
頭はいいけど
世の中のことは
何も知らない
キ
グリ
グリ
それじゃ
大人と同じ仕事が
できるわけないな
だから
大人と同じ知識を
授けようとした
「知識表現」を
使ってね
知識表現?
ガリッ
ガリリ

こんなふうに情報同士の関連性やつながりを整理し人工知能に授けるのよ
太陽
光合成
花
植物
水
種
人間が頭の中で持っている知識を具体的に整理して与えたんだね
これで理論上人工知能は人間と同じ知識を持てるようになった
理論上?
大人と同じ知識を与えるにしてもコンピュータが記憶できる容量には限りがあるからね
それを処理するには優れた計算能力が必要だし
知識
つまりコンピュータの性能が足りなかったと?
最初はね…でもコンピュータの性能は向上し続けていたから…

それで生まれたのがエキスパートシステムよ！
エキスパートシステム
おお！
なあにそれ？
専門家の知識を人工知能に与え人間のサポートをさせるシステムね
専門家
サポート
知識
人工知能
たとえば医師の知識をエキスパートシステムに与えたとするよね
ドーシマシタ？
で…誠司さんが具合悪くなったときお医者さんじゃなくてエキスパートシステムに診てもらう
ゴホゴホ
どうやって？
ただシステムの質問に1つずつ答えていくだけよ
熱はある？
それだけで病名が診断され治療法も提示してもらえる
すごーい本物のお医者さんみたい！

当時の人もそう思って盛り上がったわ…
ついに人工知能が社会進出したと言ってね…
あれ…うまくいかなかったんですか?
エキスパートシステムの知識は穴だらけだったの
知識を授ける作業は専門家自身が手動で行っていたから…
そんなことしたらメチャクチャ時間かかるじゃないですか!
しかも人間のやることだからミスもある
だから使われなくなっちゃった
面倒くさいシステムだったんだなぁ
うぎゃー!真面目に聞いてたらジュースこぼしちゃった
人間だからミスもする…か

2-1

1分でわかる

人工知能が社会で活躍するには何が必要？

人工知能に世の中を理解させる試み

第一次人工知能ブームの終焉の原因

❶もともとの理想が高すぎた。

❷人工知能が世の中を知らなかった。

❸人工知能を扱うコンピュータの性能が低すぎた。

↓ 要するに

人工知能はものすごく賢い赤ん坊だった

いくら賢くても、赤ん坊は大人のように豊富な知識を
持っているわけではないため、
社会に出ても何もできず、実用性がない。

↓

人工知能に世の中を理解させるには?

↓

詳しくはP.78へ!

人工知能に知識を教える

「花とは、植物が成長して咲くもの」

↓

「植物とは、光合成をする生物のこと」

↓

「光合成とは、光からエネルギーをつくる作用」

というように情報の関連性、つながりを教える。

↓

これを「知識表現」という

人工知能が果たした社会進出とは?

コンピュータの性能も向上

記憶容量も計算速度も格段に向上したことで、より多くの情報をため込み、それを速く扱えるようになった。

詳しくはP.82へ!

エキスパートシステムの誕生

専門家の知識を人工知能に与え、人間の専門家の代わりに人間のサポートをさせるもの。

「医療」「金融」などの分野で広がり、人工知能が社会進出を果たす!

でも…

エキスパートシステムの持つ専門知識は穴だらけだった!

入力に大変な労力がかかることが原因!

- 専門家自身が1つずつ知識を入力していくため、膨大な時間がかかり、ミスもあった。
- 知識は常に増え続けるため、専門家が教え続けていくのには無理があった。

人工知能に情報のつながり＝「知識」を教える

大人と子どもの最大の差は、「知識」です。子どもと違って、大人が1人で生きていけるのは、大人の頭の中に生活や仕事に必要な知識が詰まっているからです。人間は日々の暮らしを通してさまざまな事柄を学び、このような知識を身につけていきます。人工知能に同じような知識を与えることができれば、人間並みに賢くなれるかもしれません。

人間なら物事を見せ、触れさせ、経験させることで知識が身についていきます。それが学習であり、学習の最たるツールとして教科書があります。教科書は、子どもでもわかるように教えたい内容ごとに知識が整理されています。

情報を役立つ知識に変えるポイントは情報と情報の関わり、つながりを学ぶことです。たとえば、「花とは、植物が成長して咲くもの」「植物とは、光合成をする生物のこと」「光合成とは、光からエネルギーをつくる作用」といった具合です。「A＝B」という関係にとどまらず、いろいろな情報がつながることで、有用な情報として役立つものになります。

これは人工知能に知識を教える場合にも同じです。情報同士の関わり方を教え、複数の情報をつなげていき、それらを整理してまとめることで1つの知識をつくります。これを知識表現といいます。

こうして知識、つまり情報と情報の関わり方、つながり方を人工知能に教えていくことで、人工知能は知識を扱えるようになります。

【マメ知識】
情報の関連性を示す付加情報（タグなど）を持つデータを「構造化データ」と呼び、それらがないものを「非構造化データ」と呼ぶ。人間が人工知能に知識を与えるには、構造化データのほうが扱いやすい。

知識表現とは何か

下図のように情報の関わり方やつながり方を整理し、人工知能に教えることで、人工知能に「知識」を授けることができる。

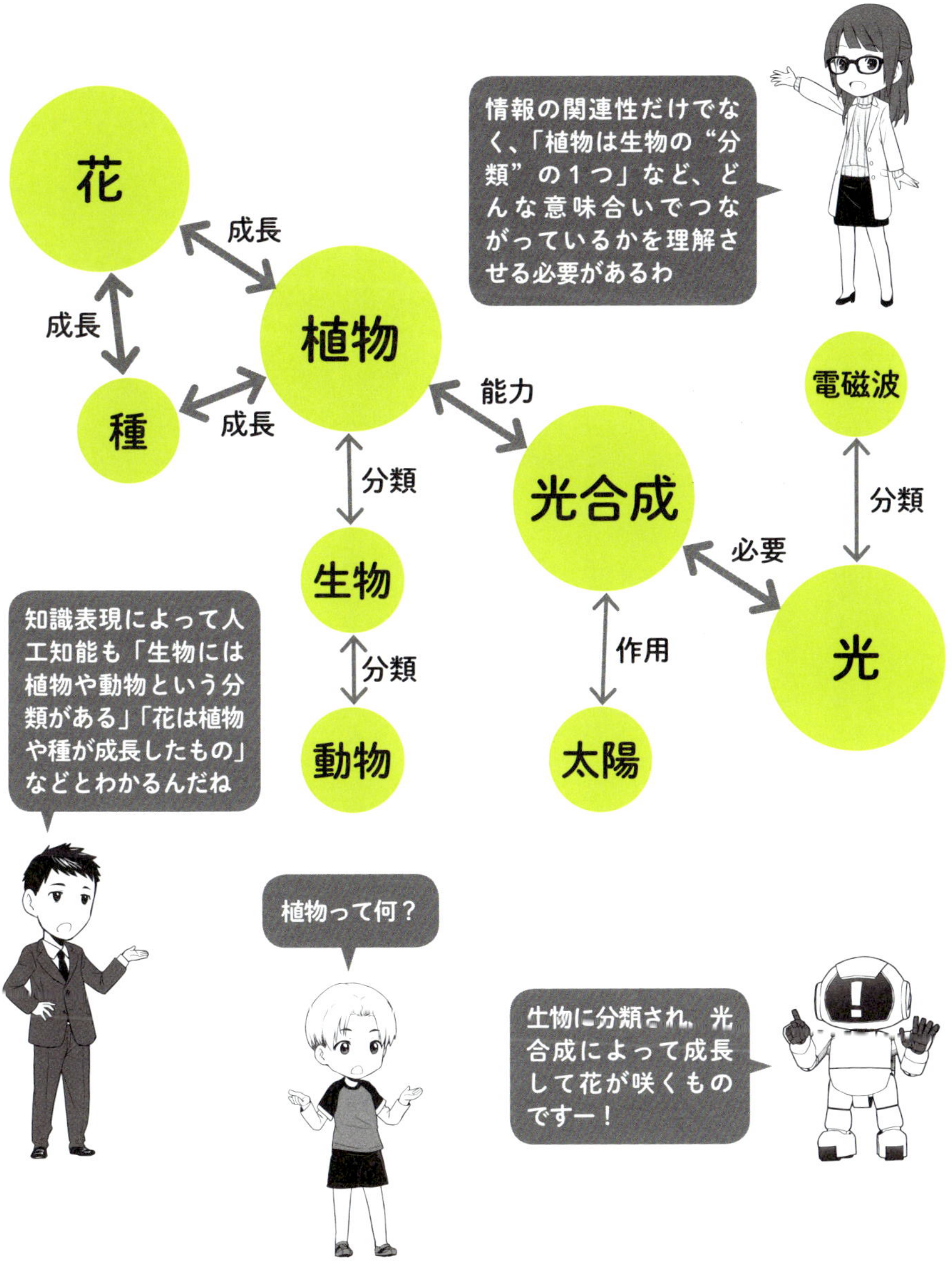

情報の関連性だけでなく、「植物は生物の“分類”の1つ」など、どんな意味合いでつながっているかを理解させる必要があるわ
花
成長
成長
植物
種
成長
能力
電磁波
分類
光合成
分類
必要
生物
知識表現によって人工知能も「生物には植物や動物という分類がある」「花は植物や種が成長したもの」などとわかるんだね
分類
作用
光
動物
太陽
植物って何？
生物に分類され、光合成によって成長して花が咲くものですー！

人工知能はどうやって知識をためていくのか？

知識表現を用いることで、人工知能も世の中の情報がどのように関わり合っているかを理解できるようになりました。

次に問題になるのが、「どれくらい知識を教えられるか」です。たとえば、花が植物であることを知っていても、それが種から育ち、水や太陽が必要であることを知らなければ、「花を育てる」という仕事をこなすことはできません。つまり人工知能に花を育てさせたいなら、それに必要な知識を与える必要があるわけです。

人間は脳に知識をたくわえ、状況に応じて脳を働かせることで、必要な知識を組み合わせて使うことができます。人工知能は、それをコンピュータで行います。そのため、コンピュータの記憶容量が少なければ知識量は乏しいままですし、計算速度が遅ければ思考力が不足します。実際、人工知能が十分な成果を挙げられなかったのは、コンピュータの記憶容量と計算能力が不足していたことも大きな原因でした。知識表現の有効性はわかったものの、必要なだけの知識をたくわえることも、その知識を扱う能力もなかったのです。

この壁を打ち破ったのは、コンピュータの急速な進歩でした。記憶容量も計算速度も、毎年倍々で向上していったのです。コンピュータの知識量が増え、考える力も向上したのですから、より多くの知識をより速く扱えるようになるかもしれないとして、研究は新たなステップに進むことになります。

▼**ムーアの法則**
コンピュータの処理能力が約2年ごとに2倍に進歩するとした法則。これまではその法則どおりに進化してきたが、物理的な限界が近づいており、今後はその成長は鈍化すると推測されている。

コンピュータ性能の向上

コンピュータは人工知能の脳にあたるもので、その記憶容量と計算能力は人間の記憶力と思考力に相当する。コンピュータ性能の向上によって、人工知能は飛躍的に進歩した。

記憶容量の向上

ハードディスクドライブ（HDD）の容量は、1950年には5MB程度だったものが、1970年には70MB程度まで向上した。

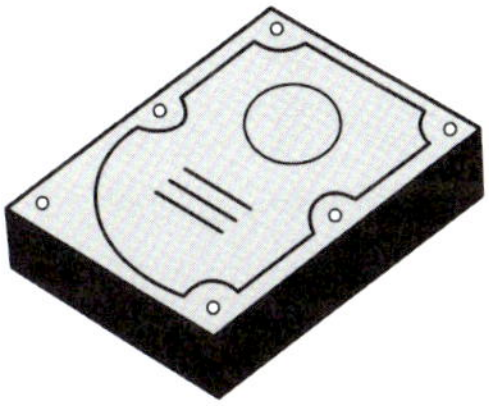

与えられる知識量が飛躍的に増えた！

計算速度の向上

計算処理を行うCPUは年々小型化し、それによりその性能は1950年代から1980年代の間に数百倍も向上した。

多くの知識を速く処理できるようになった！

AIこぼれ話

コンピュータの進化は人工知能と一般社会の距離を近づけた

コンピュータの性能が上がることで起こるのは、人工知能が賢くなることだけではありません。それまでは人の背丈以上に大きかったコンピュータが人間の手で抱えられるほどに小さくなり、自動車よりも高額だったものが家電と同じくらいまで安価になりました。こうして、より多くの人が手軽にコンピュータを使えるようになったのです。

今では多くの人が自分専用のパソコンを所有し、スマートフォンやタブレットを使っています。このようにコンピュータが身近になったことで、人工知能も身近になりました。たとえば、スマートフォンにも人工知能技術が搭載されていますが、私たちはそうとは気づかなくても自然に使うことができます。コンピュータの普及によって人工知能と一般社会の距離が、少しだけ近くなったのです。人工知能にとって、これは大きなチャンスでした。

専門家と同じ知識を人工知能に与えてみた

コンピュータの記憶容量と計算速度が向上したことで、エキスパートシステムが登場します。専門家の知識を人工知能に与え、人間の専門家の代わりに人間のサポートをさせようという試みです。

たとえば、医師の知識をエキスパートシステムに与えたとします。あとは体の不調を感じたユーザーがエキスパートシステムの質問に答える形で症状を1つ1つ入力していくと、エキスパートシステムが医師の代わりに病名を診断してくれるようになります。これはほかの専門分野にも応用できるので、実社会で役に立つ人工知能が誕生したといえます。

ところが、実際に使ってみると問題が発生しました。エキスパートシステムの知識は穴だらけだったのです。エキスパートシステムの知識は人間が1つ1つ教えていくのですが、すべての専門知識を教えるには時間がかかりますし、入力ミスもあります。何より知識は、常に増え続けるものです。それを人間がエキスパートシステムのそばについて、教え続けていくのには無理がありました。

さらに穴だらけの知識を持つ人工知能を使うより、コンピュータに入れた「普通のプログラム」を使って人間が自分でやったほうが確実で速いことに人びとは気づき始めます。「知識があれば役に立つ」というアプローチは間違いではなかったのでしょうが、知識を正しく扱うためのハードルは想像以上に高かったようです。

▼エキスパートシステム
「人間の問いに答えながら目的を達成する」というコンセプトは現代にも受け継がれており、Watsonなどの近代的な人工知能の誕生に貢献した。

エキスパートシステムの特徴と問題点

コンピュータの記憶容量と計算能力の飛躍的向上は、人工知能に専門家並みの知識を持たせることに成功した。しかし、それには問題点もあった。

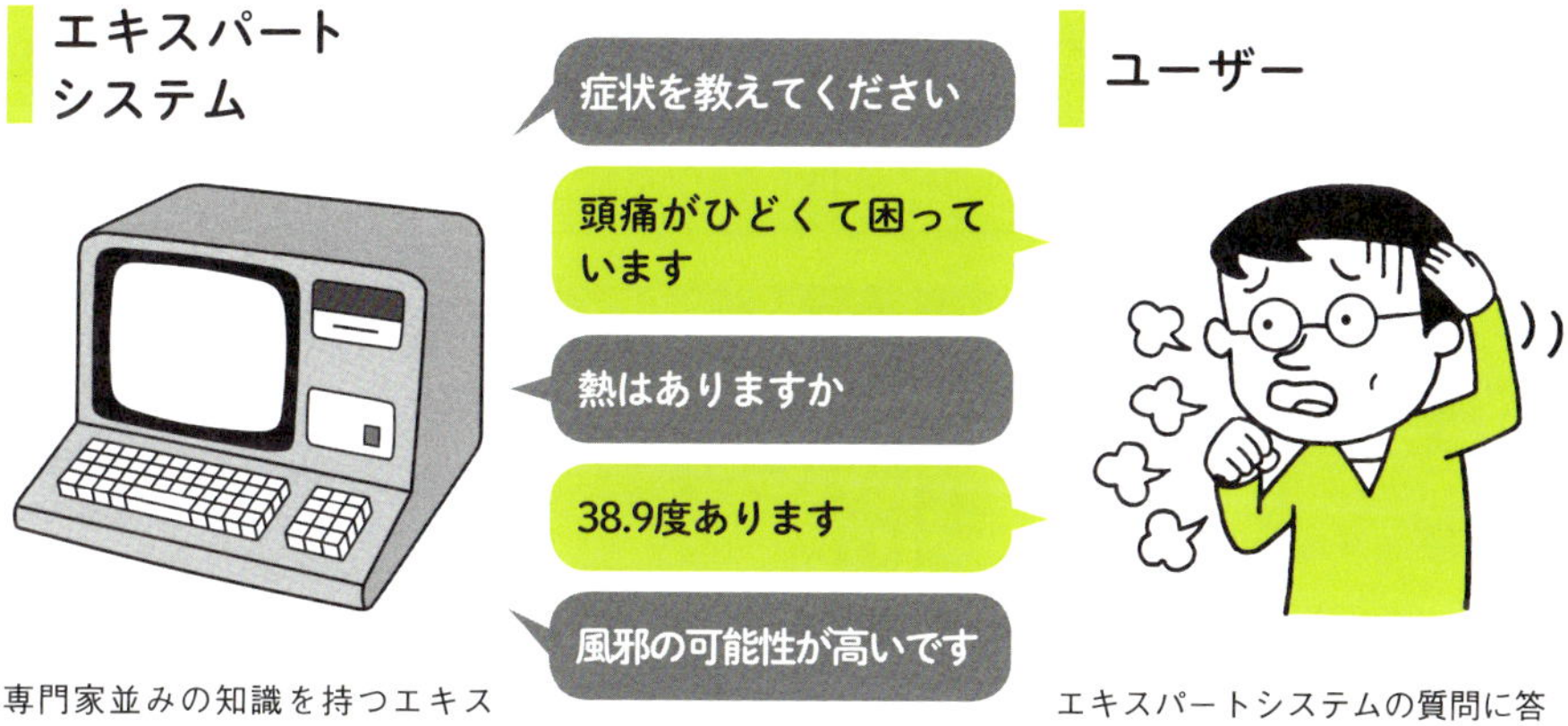

エキスパートシステム
ユーザー
症状を教えてください
頭痛がひどくて困っています
熱はありますか
38.9度あります
風邪の可能性が高いです

専門家並みの知識を持つエキスパートシステムがユーザーに質問を投げかけ、その回答から結論を導き出す。

エキスパートシステムの質問に答えるだけで、専門家と同じレベルの解決策を教えてもらえる。

↓

人間の代わりに人工知能がユーザーの問題を解決してくれる！

問題点1

持っている知識が穴だらけだった

専門家が手作業で入力するため、増え続けるすべての専門知識を人工知能に教えるのは困難だった。

問題点2

普通のプログラムのほうが使い勝手がよかった

人工知能ほど賢くなくても普通のプログラムを用い、人間が自分でコンピュータを使って仕事をしたほうが速くて正確だった。

ねえねえ
チョッパーくん
服についた
ジュースのシミを
落とすには
どうすればいい?
パッ
水と中性洗剤を
染み込ませて
早めに
もみ洗いすれば
落ちますよ
たしかに
こいつは
なかなか
賢いなぁ
エキスパート
システムは
不完全だったけど
人工知能は
別のアプローチで
進化を続けたわけね
別のアプローチ?
そうね
たとえば
中性洗剤はないなぁ…
裕太くんに
社会で生きていくために
必要な知識を
すべて教えて
あげてって
言われたらどうする?
ええ～ 無理!
自分で
勉強しろって
言うよ!

人工知能も機械学習といってね自ら学び成長する方法が登場したの
すごい!! 人工知能が自分で学んでくれるならラクだな!
ところがそう簡単にはいかない
教科書を与えれば子どもが自然と成長するなら学校はいらない
裕太！宿題しにきたんだろ!?
なるほど一筋縄ではいかなそうだ…
なんだよ!
でしょ 機械学習には教師をつけたりつけなかったりいくつかの種類があるんだけど
やっぱり人工知能にも教師は必要なんだ?
人間の教師とは違って正解とか不正解を教えるだけの回答集みたいなものよ
回答があれば何を間違ったのかわかるでしょ?

教師をつけない方法はどうやって学習するの？
それじゃ正解という言葉がわからない赤ちゃんはどうやって言葉を学んでいるのかしら？
ただいまー
パパおかえりー
えーとなんとなくわかるようになる？
経験を通して「なんとなくこういうことかな」と学んでいくのよ
おおっ！
パーパ
言われてみれば仕事でも「これが正解！」なんてないからなぁ
それくらい言われなくてもわかれ！
ドンッ
そういうこと経験を積みながらコツを覚えていって成果を出していくだけ
経験
人工知能が自分でうまくいったパターンを学んで成長するのか…
ガン
ガラ
ガラ
ええこれは強化学習と呼ばれるわ
コツ

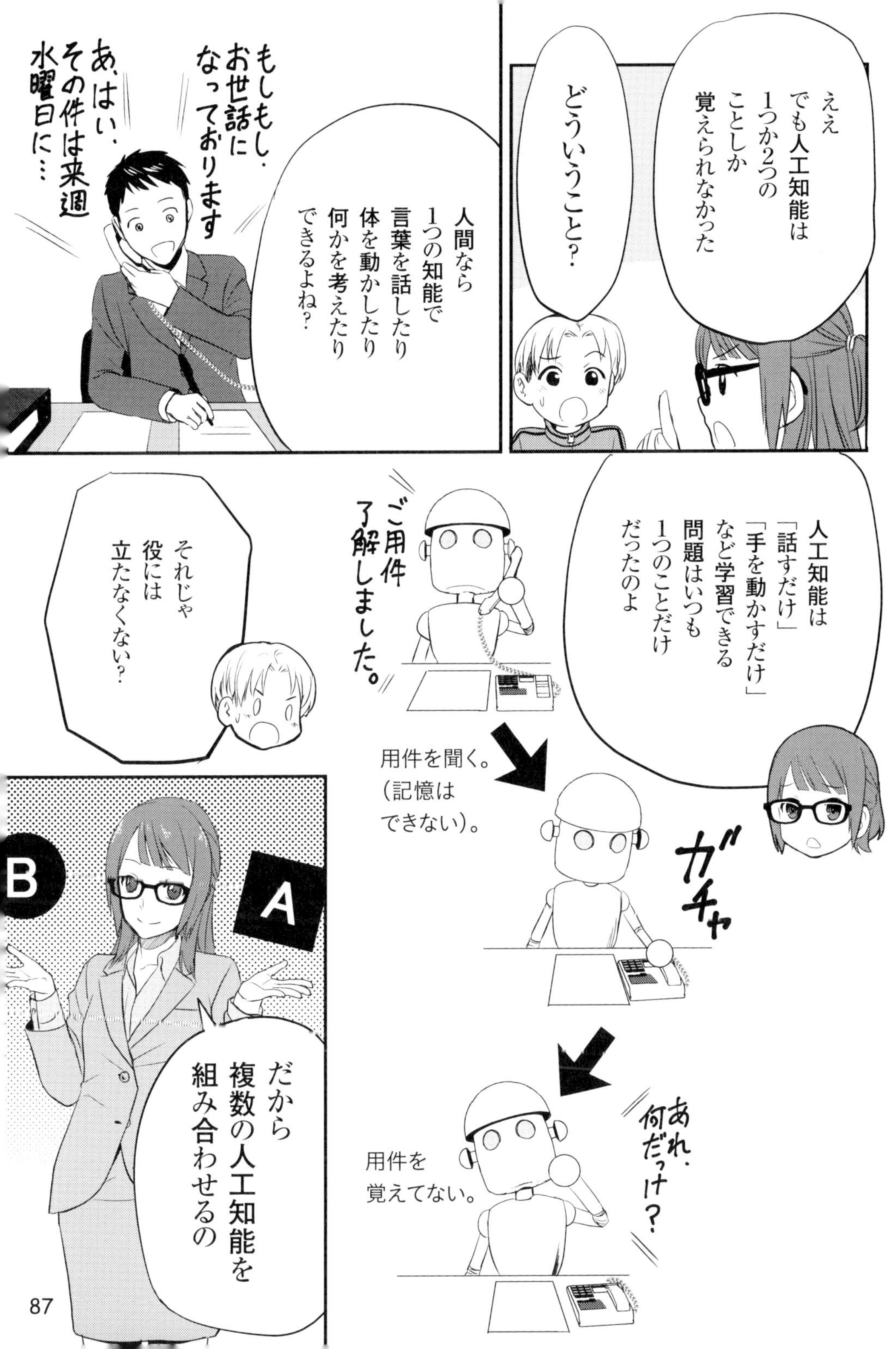
ええ
でも人工知能は
1つか2つの
ことしか
覚えられなかった
どういうこと？
人間なら
1つの知能で
言葉を話したり
体を動かしたり
何かを考えたり
できるよね？
もしもし、
お世話に
なっております
あ、はい、
その件は来週
水曜日に…
人工知能は
「話すだけ」
「手を動かすだけ」
など学習できる
問題はいつも
1つのことだけ
だったのよ
ご用件
了解しました。
それじゃ
役には
立たなくない？
用件を聞く。
（記憶は
できない）。
ガチャ
用件を
覚えてない。
あれ、
何だっけ？
B
A
だから
複数の人工知能を
組み合わせるの

たとえば…
将棋の戦い方を考える人工知能
ロボットアームを的確に動かす人工知能
将棋AIロボット
2つの人工知能が協力して「将棋をプレイする」という1つのタスクをこなしているわ
おお〜!
これなら各人工知能をガンガン学習させて成長させていけば…
その超すごい人工知能たちを組み合わせて何でもできる人工知能ができるね!
ガッ
ところが…やっぱりそううまくはいかなかった
え?
超すごい人工知能になるほどガンガン学習させることができなかったからね
先生、そこ既にやりました。
学習に必要な教材…経験やデータが全然足りなかったの
今度は教材のほうが足りないのかぁ…

80～90年代には自動運転車とか翻訳AIとかも登場したんだけど…
ブオオオオ～～～
おおっ！
すべて人間がやったほうがうまくいくものばかりで…
キキィー
障害物だと認識し止まってしまう
ああ…
結局…世間からは見向きもされなくなっちゃった
お前はいつになったら超すごい人工知能になれるんだぁ
ギュウウ
だからチョッパーくんはだいぶすごい人工知能なんだけどね…

2-2

1分でわかる

人工知能を成長させる機械学習とは？

人工知能の学習効率を上げるには？

人間が人工知能にすべての知識を
教えるのはほぼ不可能！

↓

ではどうするか？

人工知能が自ら学び、知識を得られるようにする

↓

＼ 詳しくはP.92〜95へ！ ／

「機械学習」の登場

過去の経験や統計データをもとにして、
人工知能に自ら知識を学ばせる手法。

↓

教師あり学習

人工知能に問題と解答を同時に与える。人工知能は、解答と比較しながら学習を進める。

Q&A

教師なし学習

人工知能に問題だけを与える。人工知能は答えがわからない中で経験を積み、学習を進める。

Q only

強化学習

問題を解く方向性だけを示し、うまくできたら報酬を与えることで、よい行動を強化させる。

報酬up

人工知能にいろいろなタスクをやらせるには?

人間の脳

物事を考えたり、言葉を話したり、体を動かしたりと、すべてのことを１つの脳が司っている（汎用性が高い)。

人工知能

計算するだけ、特定の言葉を話すだけ、特定の動きをするだけなど、限られたタスクしかこなせない（特化ＡＩ、弱いＡＩ)。

それならどうする?

詳しくはP.96へ!

複数の人工知能を組み合わせる

例
- 「将棋の戦い方を考えるAI」+「ロボットアームを動かすAI」=将棋AIロボット
- 「日本語を覚えたAI」+「英語を覚えたAI」+「2つの言語を変換するAI」=日英通訳AI

実用化の期待が高まったが…

どの能力においてもまだ人間のほうが上で、
実社会で役に立つレベルではなかった

第二次人工知能ブームは盛り下がっていく

人工知能の学習方法は「教師あり」？「教師なし」？

人が何かを学ぼうとするとき、教師や教材を見つけて、専門家の知識を活用して学習する人が多いでしょう。なぜなら、その分野に詳しい人間から、正解と不正解を教えてもらいながら学んだほうが効率的だからです。

同じように人工知能の学習でも、問題の答えを知っている教師を立てる学習方法があります。教師あり学習です。機械学習における教師は単純に「正解か不正解か」だけを教えるもので、問題の解き方は人工知能が自ら試行錯誤して学びとります。

一方、誰も答えを教えず、人工知能に自力で学ばせる教師なし学習という方法もあります。たとえば、子どもは言語を学ぶとき、言葉に触れる中で、なんとなく単語の違いが理解できるようになり、何を意味する言葉かもつかんでいきます。同じようなことが機械学習でも可能で、情報同士の関連性を見つけ出していく中で、情報の意味するところを漠然《ばくぜん》とでも把握できるようになるのです。

技術的なハードルは高いものの、うまくいけば教師が不要になるだけではなく、人間が答えを知らない問題を解くことだってできるようになるでしょう。

こうした学習能力はコネクショニズムのような「感覚派」が得意としていた部分ですが、統計や確率を積極活用することで記号主義的な「理屈派」の人工知能も使えるようになりました。学習能力を得た人工知能は、ここから遅まきながらも着実に進歩していきます。

教師あり学習と教師なし学習

人工知能の学習方法はさまざまあるが、代表的なのは教師あり学習と教師なし学習の２つ。それぞれに特徴がある。

教師あり学習

問題を与え、人工知能の答えに対して「正解」「不正解」を判定する方法。

与えられた問題を解く。　正解か不正解かの判定を受ける。　正解が出た際の解き方を参考にして理解度を深める。

教師なし学習

問題だけを与え、人工知能自身に価値ある「情報」や「知識」を手に入れさせる方法。

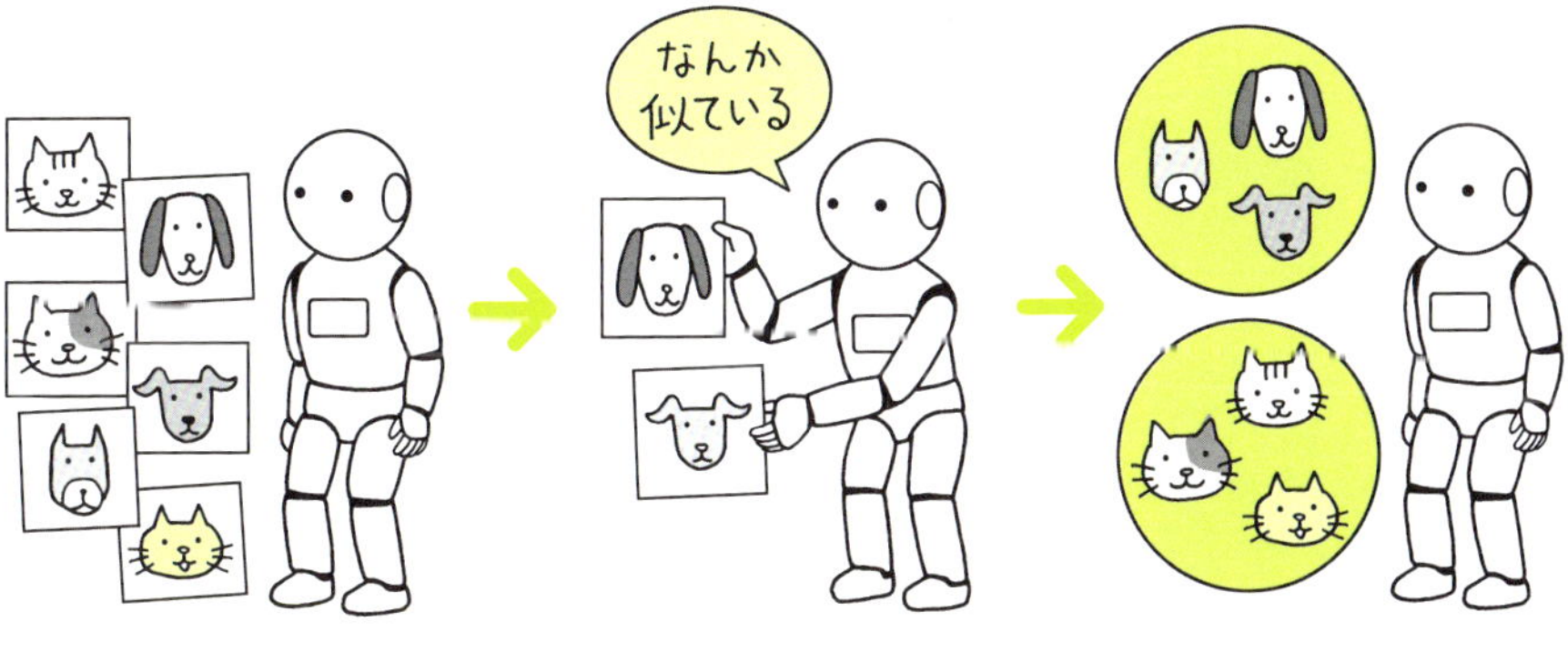

与えられた問題を解く。　情報同士の関連性を探す。　情報の関連性から、情報を簡単に分類する。

成功したら報酬を！「強化学習」でレベルアップ

問題の中には、明確な正解が存在しないものがあります。たとえば、ゲームの場合、敵を倒したり、スコアを挙げたりすることが目的であり、そのための方法・プロセスに正解も不正解もありません。

こうしたゲームでは、「敵を倒せば経験値が入る」「ステージをクリアすればスコアが入る」「クリアタイムを短くすれば高得点」など、目的の達成によって何らかの報酬が得られるようにされています。そして、プレイヤーはより高い報酬を得ようとコツを探して、上達を目指します。

これは、そのまま人工知能の学習に応用できます。強化学習と呼ばれる方法です。成果に応じて報酬を与えることで、優れた行動が強化されるようにしていくわけです。「ゲームを10分でクリアできたら10点」「20分でクリアできたら5点」などと設定することで、人工知能は速くクリアできたときのやり方を強化し、遅かったときのやり方を避けるようになり、みるみる上達していきます。

「強化学習」は何度も繰り返し行動し、その中でうまくいった行動を次に残す点で、現実の学習方法にも近く、実世界での学習に使いやすいという強みがあります。

こうした学習方法は、現代の人工知能の学習にも使われています。囲碁やチェス、将棋、テレビゲームに加え、自動車の運転やロボット操作などを行う人工知能が人間を超えるほど賢くなる要因になりました。

強化学習の特徴

強化学習では、人工知能はより多くの報酬を得られるように行動する。報酬は人間が設定するが、現実的な環境にも対応しやすい学習方法となっている。

人工知能

与えられた問題を解く。少しでも高い報酬を得られる行動をとるように設定されている。

10分でクリア！
▼
10点！
→ 次回から、このときにとった行動を強化しよう（繰り返そう）と学習する。

20分でクリア！
▼
5点！
→ 次回から、このときにとった行動をほどほどに強化しようと学習する。

クリアできない！
▼
0点！
→ 次回から、このときにとった行動をとらないように学習する。

AI こぼれ話

遺伝子をまねした人工知能 遺伝的アルゴリズム

　報酬をもらえないことでわるい行動が消え、報酬をもらってよい行動が残るという点は、自然界の自然淘《しぜんとう》汰《た》に似ています。自然淘汰では、劣った種族が絶滅し、優れた種族が残るように働きますが、これをまねした機械学習の手法として、遺伝的アルゴリズムがつくられました。強化学習との違いは、遺伝子の突然変異や交配が学習と成長の過程に含まれていることです。優れた人工知能の特徴が強化される点は強化学習と同じですが、その後、交配によって人工知能のアルゴリズムの一部がランダムに入れ替えられ、さらに突然変異によってアルゴリズムの一部が急に成長したり、劣化したりします。

　このランダムに入れ替わったり、成長したり、劣化したりする点が最大の特徴です。成長の仕方が報酬だけで決まらないため、たとえ報酬設定が間違っていても、多かれ少なかれ成長し続けることができます。

人工知能は「複数の脳」で能力の幅を広げる

いくら機械学習で特定の問題に強くなったからといって、それだけで人工知能が十分に賢くなるわけではありません。たとえば、どんなに将棋が強くても、実物の駒を見て位置を認識し、ほどよい力加減でつかんで動かすといった駒の操作能力がなければ、将棋をプレイできません。実社会で活用するには、複数の能力を組み合わせなければならないケースがほとんどなのです。

人間は1つの脳で、こうした複数の能力を司っています。ところが、人工知能には、そのように1つで何でもできるような能力はありません。基本的には1つや2つのタスクしかできず、汎用性があったとしてもその範囲は限られます。これが、いわゆる特化型ＡＩです（→64ページ）。

そこで、人工知能の場合は、複数の人工知能を協力させることで、汎用性を持たせていきます。将棋を指すなら、戦い方を考える人工知能と、駒の位置を把握してロボットアームを操作する人工知能を協力させるわけです。そのうえで、外から見ると1つの人工知能のように振る舞います。

現代の人工知能のほとんどが特化型ＡＩです。そうした特化型ＡＩを組み合わせることで、人工知能はおどろくべき力を発揮します。自動運転車も囲碁ＡＩとして有名なAlphaGoも、複数の人工知能が協力しています。こうしたしくみは、現代の人工知能を形づくるために欠かせない技術となっています。

【マメ知識】 複数の人工知能を1つの目的のために協調させ、1つの人工知能のように振る舞わせている人工知能を、分散型人工知能という。

【マメ知識】 複数の自律型の人工知能を1つの目的のために協調させることを、マルチエージェントという。分散型と違って、それぞれの人工知能が独立して仕事をしている。

人工知能に複数のタスクを行わせるには?

人工知能は1つか2つのタスクしかこなせないが、それを複数組み合わせることで、実社会で活用できる人工知能をつくり出すことができる。

人間

あらゆる思考・行動を1つの脳が司る。1人の人間が複数の言語を扱い、将棋や囲碁を指したり、歩いたり物をつかんだりできる。

人工知能

英語が話せるだけ、将棋の戦い方を考えられるだけ、物をつかんで動かせるだけなど、1つの人工知能で特定のタスクしかこなせない。

↓

人工知能に汎用的なタスクを実行させるには?

例 自動運転車の場合

状況認識AI + **行動計画AI** + **ナビゲーションAI**

状況認識AI：レーダーやカメラから送られてきた情報を分析して、車両・道路・歩行者の位置を把握する。

行動計画AI：得られた状況をもとに、最適な行動計画をつくる。「車を避ける」「歩行者の前で止まる」「発進する」など。

ナビゲーションAI：「安全に避けるためのルート」「止まるためのブレーキタイミング」など、行動計画を実行するために、最適なルート策定を行う。

「使えそう」レベルではNG！ 人工知能の実用性とは？

人工知能はより豊富な知識を扱えるようになりました。さらに自分で知識を習得できるようになりました。そして、スキルを得た人工知能は協力することで、より複合的なタスクをこなせるようになりました。

人工知能がここまで成長するためにかかった時間は人工知能研究がスタートしてから30年後、１９８０年代の話です。現代から振り返ってみても、30年以上前の出来事であり、これはおどろくべき成果でしょう。

ところが、できるようになることと、役に立つレベルになることは別の話です。たしかに理論・手法はある程度まで確立されて、そうした理論を使った人工知能が実際につくられ、「使えそうだ」というところまでは来ていました。実際に、道路に沿って走る自動運転車や単語の発音を学習する人工知能がこの時期に登場しています。しかし、どのタスクにおいても、人間の代わりになるレベルには達しませんでした。すると、役に立たない機械は存在しないのと同じとばかりに、人工知能研究はそれほど注目されなくなってしまいます。

なぜ人工知能が使えなかったのかというと、実は肝心の機械学習に必要な情報（データ）が圧倒的に不足していたからです。機械学習では、データが多ければ多いほど、人工知能の性能は向上します。当時は、実用レベルに引き上げるのに必要な量のデータを集める方法がありませんでした。

第二次人工知能ブームの終焉《しゅうえん》

人工知能の理論は進歩し、その理論を使ってさまざまな人工知能がつくられた。その多くが実用レベルに達する可能性を秘めたものだったが、あと一歩届かなかった。

いろんなことができる
人工知能が
つくられたけれど…

どの能力も中途半端で、人間のほうがはるかに上だった。

「いろいろできるようになった！」というわりに、使えないものばかりだったから、みんなガッカリしちゃったんだな

ええ、実用レベルにするにはもっとデータが必要だったんだけど、そのデータを用意する方法がまだなかったのよ

AI こぼれ話

第二次人工知能ブームに足りなかったものとは？

現在の自動運転車は世界中を走る自動車から、インターネットを通じてデータを収集して学習を進めています。画像認識や音声認識、言語処理といった学習もインターネット上の動画やテキストデータを利用しています。つまり、インターネットありきの学習なのですが、機械学習が登場した１９８０年代にはまだインターネットがありませんでした。そのため、機械学習に必要なだけのデータを集めることができませんでした。

また、インターネットで集められた膨大なデータを処理して学習に使うには、コンピュータの性能も必要です。コンピュータは日々進化を続けていますが、１９８０年当時のコンピュータに、インターネット時代の情報量を扱えるだけの性能はありませんでした。

つまり、人工知能が機械学習で進化するための環境が十分に整っていなかったのです。

column 3

日本が人工知能を導入するモデルケースになる？

人工知能が普及すれば、多かれ少なかれ社会は変わっていきます。しかし、コンピュータやインターネットの登場による社会の変化が国によって異なるように、これからの新しい変化も国によって異なるものになるでしょう。では、日本の場合は、どのような変化が起こるのでしょうか。

まず、人工知能の技術開発では、日本は遅れをとっています。技術開発をリードしているのは米国の企業ばかりで、日本の企業の名前はあまり見えてきません。しかし、米国主導で開発されたコンピュータやインターネットで世界全体が変わったように、社会の変化と技術の出自は無関係です。

最新の人工知能を開発することにおいては米国に一日の長がありますが、日本はそこにひねりを加えた独自のアプローチが得意です。それが行きすぎてガラパゴス化することも珍しくありませんが、米国発祥のテレビゲームを日本が独自に発展させて世界を席巻したように、米国発祥の人工知能を日本が独自に発展させて新しい流れをつくる可能性は十分にあります。さらに日本が得意とするハードウェア分野、つまりロボットなどを組み合わせるアプローチでもっとも大きな強みを発揮するでしょう。日本が世界のトップシェアを誇る産業用ロボットなどと組み合わせることで、産業界は大きく変わります。

また、日本の少子高齢化問題に対しても、人工知能は大きな変化をもたらします。公共バスが電気化・無人化されれば、簡単に路線と本数を増やすことができますし、オンデマンドバスの運用も可能です。高齢者が自家用車を保有する必要がなくなり、保有したとしても大部分が自動化されているので大きな事故は起こりません。高齢者や子どもの見守りに人工知能が使えるようにもなり、介護や育児における負担は大幅に軽くなるでしょう。人工知能で少子高齢化に歯止めをかけることができるかもしれません。

いずれにせよ、日本は人工知能の「可能性を広げる市場」として大きな将来性を秘めています。技術開発では後手に回ってしまいましたが、世界中の誰よりも賢く人工知能を使うことで、そのモデルケースになることはできるのではないでしょうか。

第3章
人工知能は人間を超え始めた！

ディープラーニングという
機械学習の登場により、
人工知能は「目」と「耳」を手に入れました。
高度な計算能力に加え、より感覚的に理解し、
答えを出せるようになったのです。
人間に比べたら、まだできることに
限りはありますが、特定の分野では人間を
超える能力を見せ始めています。

ねえねえ チョッパーくん…
東京と大阪 あとニューヨークの 店舗数と 売上データを グラフ化して
パパッ
はいーー!
おっ 来た来た サンキュー!
パッ
おじさんも だいぶ チョッパーくんの 使い方に慣れたね
まあ いっても 機械だしな
しくみさえ わかっちゃえば こっちのもんよ!
バタン!!
そんなふうに AIを舐めた 発言してると…
バタ バタ バタ

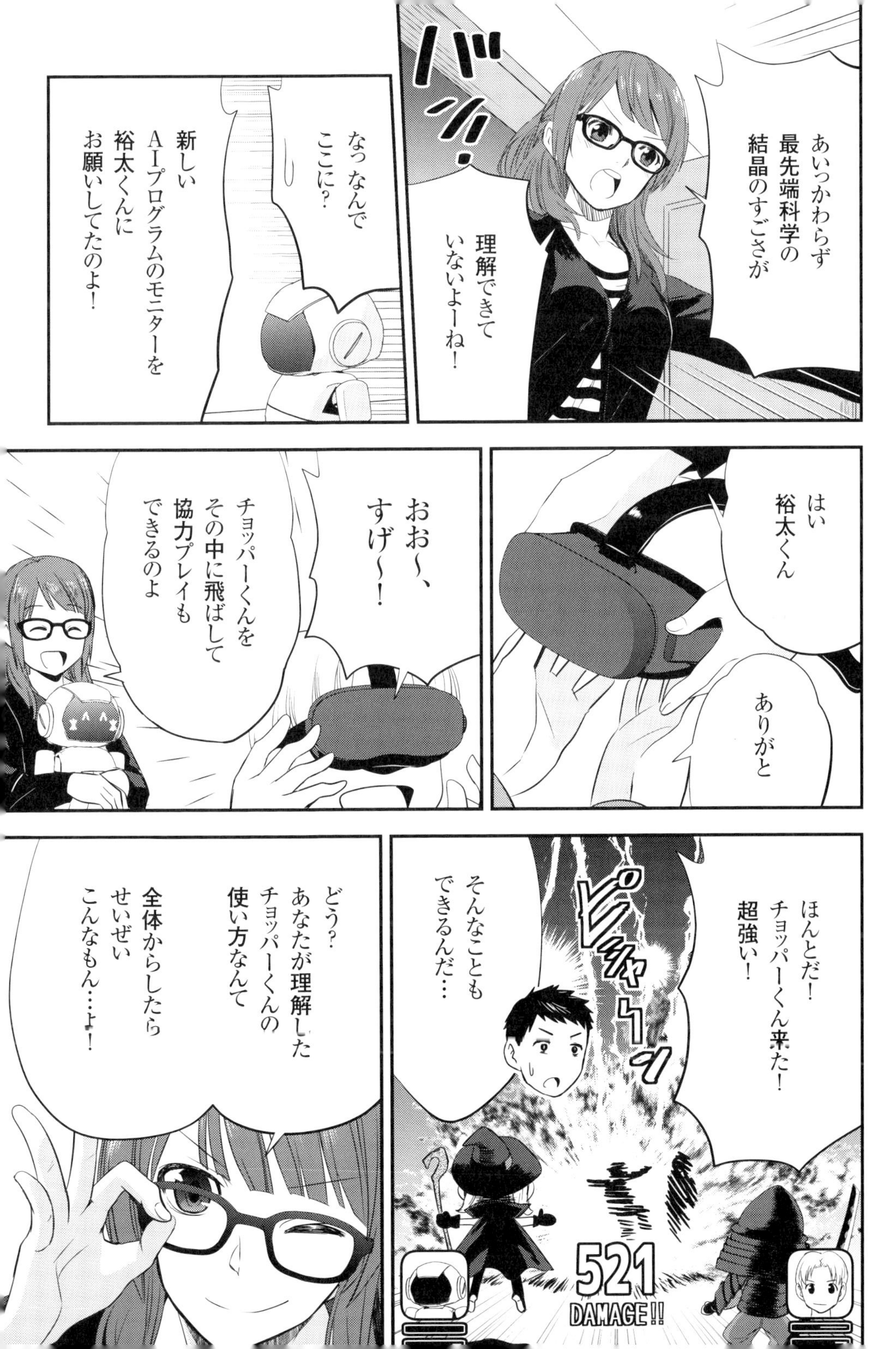

あいっかわらず最先端科学の結晶のすごさが
バッ!!
理解できていないよーね!
なっなんでここに?
新しいAIプログラムのモニターを裕太くんにお願いしてたのよ!
はい裕太くん
ありがと
おお～、すげ～!
チョッパーくんをその中に飛ばして協力プレイもできるのよ
ほんとだ!チョッパーくん来た!超強い!
ピシャ～ン
そんなこともできるんだ…
521
DAMAGE!!
どう?あなたが理解したチョッパーくんの使い方なんて
全体からしたらせいぜいこんなもん……よ!

すごいなぁ…
未熟者だと
舐めてたな…
ふふん
わかったなら
いいわ
せっかくだから
どうやって
その壁を
乗り越えたか
教えてあげちゃう
あの…俺
仕事中なん
だけど…
カギを握るのは
インターネットよ!
インターネット…?
機械学習で
成果が得られなかった
理由は何かな?
情報募集中
学習に必要な
教材(情報)が
足りなかったから…
あっ!
そう
インターネットが
普及したことで
ウェブ上には
大量のデータが
蓄積される
ようになった
写真や動画
音楽のデータなんて
山ほどあるし
論文やスピーチ原稿から
一般人のSNS投稿まで
テキストデータも
盛りだくさん
今では
ビッグデータなんて
言われているわ
それが
人工知能が
機械学習するときの
教材になるの!
P

あっそのおかげでチョッパーくんができた？
まだちょっと早い！
チョッパーくんはどうして画像を見て答えたり音声の命令を聞いたりできるのかしら？
さぁ？
ここで出てくるのがディープラーニングよ！
DEEP LEARNING
あっ聞いたことあるかも！
ディープラーニングはニューラルネットワークをさらに大規模化したものなんだけど…
ニューラルネットワークって…なんだっけ？
人工ニューロンを集めてつくった擬似的な脳神経ネットワークでしょ
層を積み重ねるほど賢くなってより複雑なことを学べるようになる利点があるの

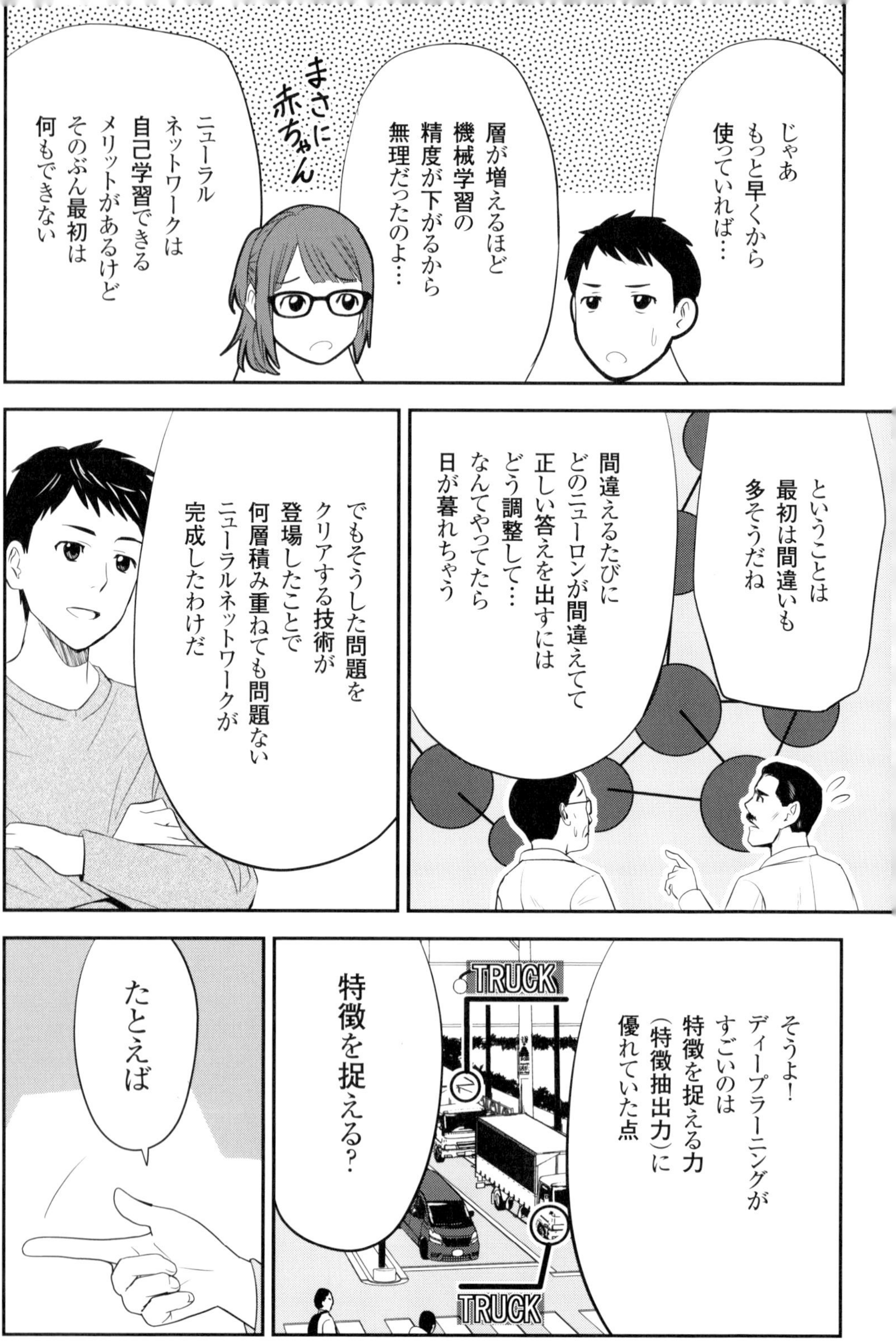
じゃあ
もっと早くから
使っていれば…
層が増えるほど
機械学習の
精度が下がるから
無理だったのよ…
まさに赤ちゃん
ニューラル
ネットワークは
自己学習できる
メリットがあるけど
そのぶん最初は
何もできない
ということは
最初は間違いも
多そうだね
間違えるたびに
どのニューロンが間違えてて
正しい答えを出すには
どう調整して…
なんてやってたら
日が暮れちゃう
でもそうした問題を
クリアする技術が
登場したことで
何層積み重ねても問題ない
ニューラルネットワークが
完成したわけだ
そうよ！
ディープラーニングが
すごいのは
特徴を捉える力
（特徴抽出力）に
優れていた点
TRUCK
TRUCK
特徴を捉える？
たとえば

誠司さんは何を見て裕太くんを認識してる？
何をって見ればわかるじゃん
うわっ チョッパーくん回復して〜！
はい－！
そう！ それが人間のすごいところなの
ええっ？
ビッ
実際には目や鼻、口、髪の毛などの形や大きさなどからほかの人とは違う特徴をつかんで認識しているんだけど
人間は意識しなくてもそれができるの

人工知能は
それができない?
従来のものはね
でも
ディープラーニングは
違う
大量の画像を見て
それらを
見比べることで
対象物の特徴を捉え
正しく認識できる
ようになった
実際にGoogleが
開発した人工知能が
「猫」を正しく
認識したとして
話題になったわ
へえ 人工知能が
猫を理解したのか!
あくまで
見た目の形のみ
だけどね
けど
もっとたくさんの
画像を山ほど
見せ続ければ…
少なくとも
「見る力」という点では
人間以上に
なるでしょうね

音声も同じように 音声データを たくさん 聞かせることで 正しく認識できる ようになる
つまり 人工知能は 聞く力も 手に入れたと…
18:00
こういう 感覚的なタスクを こなせるように なった点で ディープラーニングは 革新的だったのよ
おっもう こんな 時間だ!
裕太! そろそろ 宿題やれ!
見る力も聞く力も 奪われているわね 裕太くん…
やったー! 倒したよ チョッパーくん!!
はいー! 我々の 勝利ですー!
逆に人間のほうは 退化してないかな これ…

3-1

1分でわかる

インターネットは人工知能も革新させた

技術的な壁をどのように打ち破ったのか?

第二次人工知能ブームで生まれた課題

❶教材（情報）の不足
人工知能の機械学習に必要な教材が全然集められない。

❷ハードの性能不足
集められた大量の情報を処理できる性能を持ったコンピュータがない。

↓

インターネットの登場

文字（文章）にとどまらず、写真や動画、音声などもデータ化して遠隔地に送れるようになった。

↓

コンピュータ性能の向上

コンピュータの性能は年々、倍々で向上し続けていたので、いつか壁を突破するのは明らかだった。

↓ ついに！

本格的な機械学習に必要な教材とハードが揃う

↓ さらに！

世界中の人がデータのやりとりをした蓄積がウェブ上のサーバーに集まる。

↓

ビッグデータの誕生!!

大量の情報をどのように処理したのか？

あまりに量が膨大すぎて、人間ではビッグデータを扱い切れなかった。

では、どうするか？

❶情報の整理

情報の特性に応じて情報を整理し、いつでも取り出せる（検索できる）ようにする。

❷データマイニング

各情報を調べて、関連性の高い価値ある情報を見つけ出していく。

人間の手では追いつかないので、ここで人工知能が活躍したのよ！

機械学習への活用

ビッグデータの中から、特定の画像や音声など機械学習に使えるデータだけを取り出せるようになった。

ビジネス・研究への活用

ビッグデータの中から、人工知能がビジネスや研究にとって価値ある情報を見つけてくれるようになった。

人工知能はみるみる成長！

チェス（DeepBlue）、将棋（Bonanza）、クイズ（Watson）で人間を超える性能を見せ始める！

インターネットの登場が機械学習を大きく変えた

　機械学習が登場しても、今度は人工知能を学習させるために必要な教材（情報）が全然集められない。仮に大量の教材を集められたとしても、それを処理できるだけの性能を持ったコンピュータがない。これが第二次人工知能ブームでぶつかった壁でした。

　コンピュータの性能は年々、倍々で向上し続けることがわかっていたので、残る問題は教材（情報）の量でした。その壁を打ち破ったのが、インターネットの登場です。

　インターネットが登場する前は、研究者や助手が本や書類を入手し、自分でコンピュータに入力することで人工知能に学習させていました。しかし、これでは人工知能に与えられる情報量に限界があります。それがイン

人工知能研究が抱えていた2つの壁

大きな２つの壁を打ち破ったことで、人工知能研究も新たなステージに突入した。

壁❶

機械学習に使う情報量の不足

研究者たちが自分で資料を集め、自分で情報を入力していたので、与えられる情報量に限界があった。

↓

インターネットの登場で、とても扱いきれないほど大量の情報が手に入るようになった！

壁❷

コンピュータ性能の不足

大量の情報を扱いたくても、それができるだけの計算処理能力を持ったコンピュータがなかった。

↓

コンピュータの性能は倍々で向上し、1990年代には20年前と比べておよそ1000倍にもなっていた！

ターネットの登場以降は、世界中の人びとがインターネット経由で情報交換をするようになり、人工知能も検索するだけで知識を手に入れられるようになったのです。

ただし、人工知能は人間のように上手にインターネットを使うことはできないので、人間が工夫して人工知能でも簡単にインターネット上の情報を入手できるようにしました。すると、今度はあまりにもたくさんの情報が集まりすぎて、人間の工夫が追いつかなくなります。情報が多すぎて、人間では扱いきれなくなったのです。

このような膨大なデータを、いつしかビッグデータと呼ぶようになります。さまざまな情報が集まるビッグデータは、まさに宝の山でした。扱うのは大変ですが、このビッグデータを有効活用できれば、機械学習の効果は格段に高まり、人工知能が大きな進歩をとげることは明らかです。問題はどうすれば膨大な情報を扱えるようになるかでした。

インターネットの登場で一変した研究環境

インターネットの登場はビッグデータを生み出した。今度はこの大量の情報をどのように扱うかが課題となった。

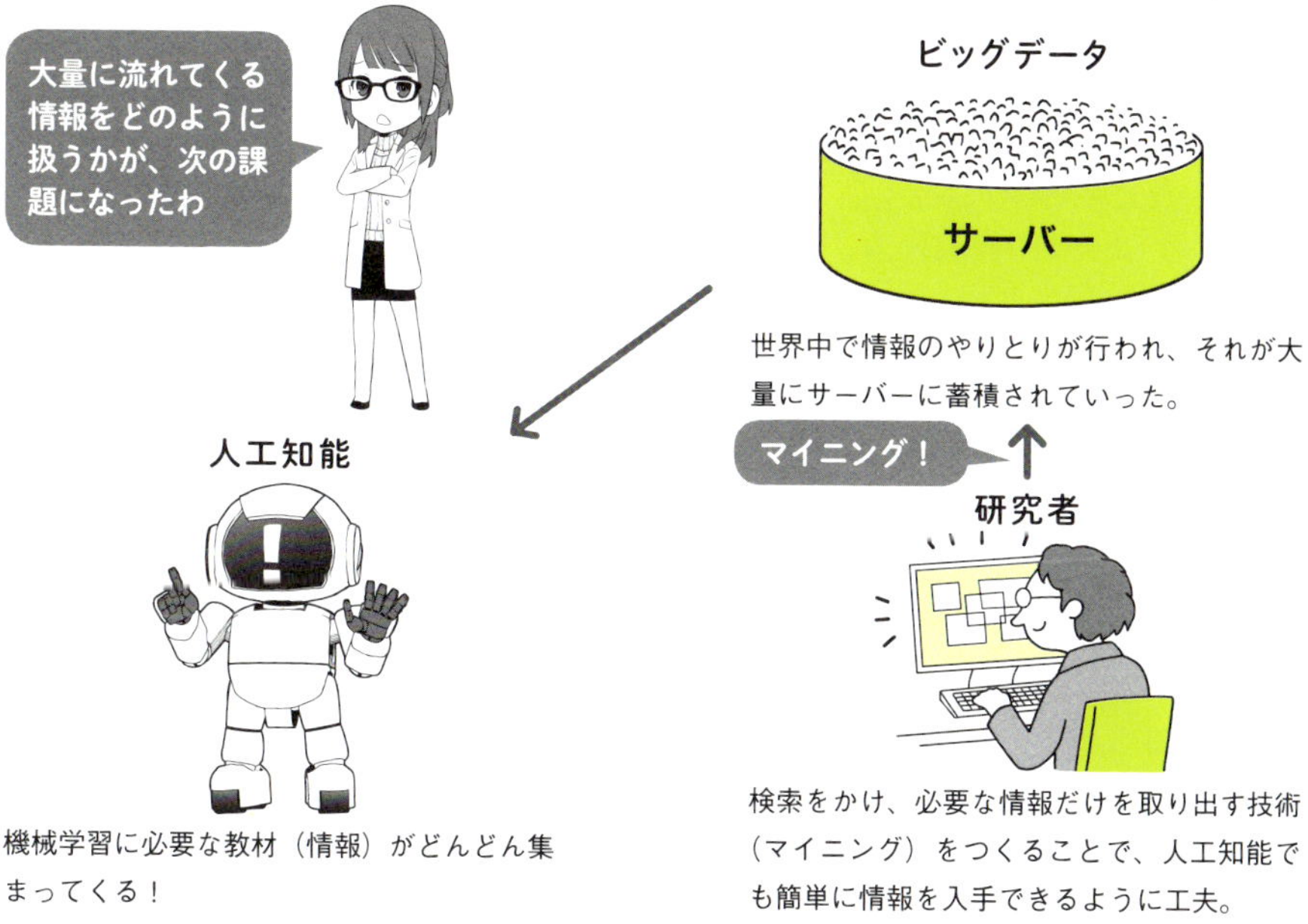
大量に流れてくる情報をどのように扱うかが、次の課題になったわ
ビッグデータ
サーバー
世界中で情報のやりとりが行われ、それが大量にサーバーに蓄積されていった。
人工知能
マイニング！
研究者
機械学習に必要な教材（情報）がどんどん集まってくる！
検索をかけ、必要な情報だけを取り出す技術（マイニング）をつくることで、人工知能でも簡単に情報を入手できるように工夫。

人工知能は膨大な情報から価値ある何かを探せる

何万冊という蔵書を抱える図書館の中からほしい本を1冊探すとき、どうするでしょうか。たいていの場合、さほど苦労はしません。図書館では探しやすいように、本をジャンルや名前の順に並べているからです。デジタルデータでも同じです。書名やジャンル、著者、出版社などの情報が整理されていれば、それをヒントにして探すことができます。

　また、ときには読みたい本が具体的に決まっていない場合もあるでしょう。その場合は司書さんに「こんな本を読みたい」と伝えて、代わりに探してもらうことになります。これは実のところ検索エンジンです。ほしい情報が手に入るかどうかは司書さん（検索エンジン）の能力次第になるでしょう。

効率よくほしい情報を見つけ出すには？

きちんと情報が整理されているほど、検索性はよくなる。ただし、世の中の情報のほとんどは、整理されずに集められている。

情報が整理されている場合

たとえば、本なら「書名」「著者名」「ジャンル」「出版社」「刊行日」などで、整理して並べておく。

↓

人間でも「検索」で見つけ出すことができる！

情報が整理されていない場合

並べ方もバラバラで、表紙などに書名も著者名も書いてないなど、情報がまったく整理されていない。

↓

人間ではお手上げ

一方、情報が整理されていなかったら、どうでしょうか。図書館の本がバラバラに並べてあり、タイトルや著者名が表紙に書いてないのです。ほしい本を見つけるためには、1冊ずつ本を取り出して内容をチェックしなければなりません。これは「ワラ束の中から1本の針を探すようなもの」とたとえられることがあります。これを人間がやるのは、ほぼ不可能です。しかし、人工知能なら別。膨大な情報をしらみつぶしにチェックし、ほしい情報を見つけることはもちろん、人間の代わりに情報を整理することもできます。

人工知能によって、人間ではまったく使えなかったデータが突然価値を持つのです。こうして得られた情報は、機械学習によって人工知能をより賢くするために使われることもあれば、人間が研究やビジネスに活用することもあります。これは「情報の発掘」という意味でデータマイニングと呼ばれ、現在は幅広い領域で利用されるようになっています。

ビッグデータの活用に人工知能を利用する

人間が苦手とする仕事こそ、人工知能の出番。ビッグデータの取り扱いに、人工知能は大きく活躍する。

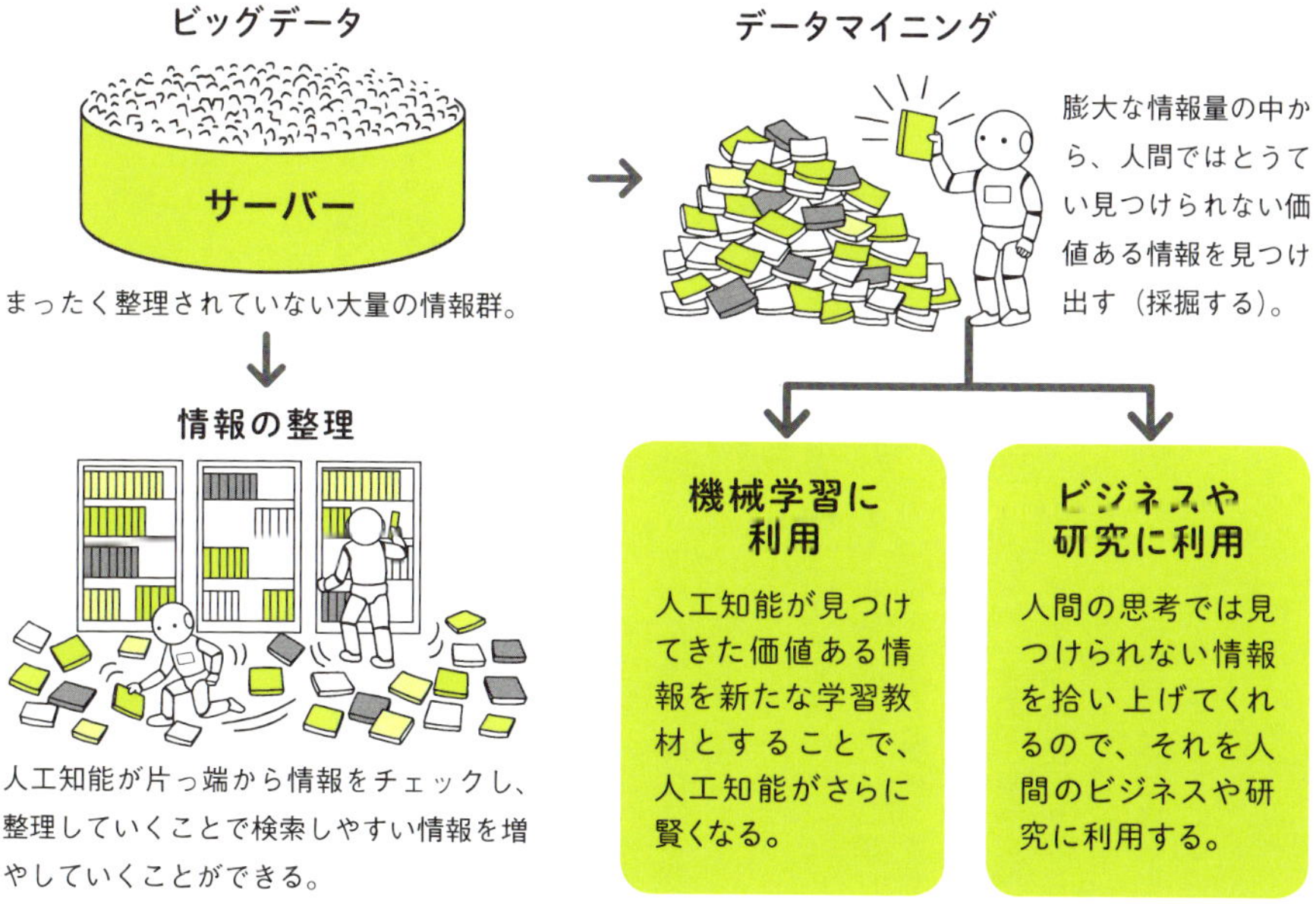

ビッグデータ
サーバー
まったく整理されていない大量の情報群。
情報の整理
人工知能が片っ端から情報をチェックし、整理していくことで検索しやすい情報を増やしていくことができる。
データマイニング
膨大な情報量の中から、人間ではとうてい見つけられない価値ある情報を見つけ出す（採掘する）。
機械学習に利用
人工知能が見つけてきた価値ある情報を新たな学習教材とすることで、人工知能がさらに賢くなる。
ビジネスや研究に利用
人間の思考では見つけられない情報を拾い上げてくれるので、それを人間のビジネスや研究に利用する。

「情報力」と「計算力」で人工知能は人間を超えた

インターネットに代表されるさまざまな技術革新により、人工知能が扱える情報は飛躍的に増えました。それと同時に計算能力も伸び続け、従来の千倍以上に膨れ上がります。

この計算能力を活かしてチェスで当時の世界チャンピオンを破ることに成功し、話題となったのがDeepBlueです。DeepBlueはIBMが開発したチェス用の人工知能です。過去の棋譜《きふ》を参考にした評価関数によって盤面の良し悪しを判別し、圧倒的な計算能力で先読みをする特徴があります。

この手法に加えて、盤面の良し悪しを自動で学習できるようにした将棋用人工知能Bonanzaも登場します。Bonanzaは先読みだけでなく、機械学習によって盤面の良し悪しを学び、優れた手を見つけます。Bonanzaはプロ棋士と互角以上に戦ってみせました。人工知能の計算能力と機械学習をうまく組み合わせたケースといえるでしょう。

さらには自然言語処理に特化したWatsonも登場します。Watsonは純粋な知識を扱うクイズで人間と戦い、勝利しました。質問のキーワードに関連するものをデータベース（本や百科事典など）から探し、答えるシステムです。今あるような検索エンジンと異なるのは、クイズで提示される質問を正しく理解し、1つしかない回答を用意できる点でした。情報量の増大と計算能力の向上により、ついに人工知能は人間を超えるようになったのです。

▼自然言語
日本語や英語など、人間の生活の中で自然に生まれたもので、普段から使っている言語のこと。人工的につくったプログラミング言語などは、形式言語と呼ばれる。

【マメ知識】
情報をぜいたくに使った大規模な機械学習が可能となったことにより、従来の小規模な機械学習では難しかった統計的な情報処理や、自然言語処理に機械学習が使えるようになった。

人間を超え始めた人工知能たち

情報力と計算力を活かし、チェス、将棋、クイズといったゲームの分野で人工知能は人間を超える結果を出し始めた。

チェスAI DeepBlue

圧倒的な計算力を活かして片っ端から盤面を先読みする。同時に、人間がつくった盤面評価のマニュアルに沿って、指し手を決めていく。

人間に勝利！
1996年2月と1997年5月の2度にわたり、人間の世界チャンピオンであるガルリ・カスパロフと対戦し、2回目で勝利！

将棋AI Bonanza

盤面を先読みする計算力に加え、機械学習することで、人間がマニュアルを用意しなくても、自ら判断基準をつくって指し手を決めることができる。

人間と互角の勝負！
2007年3月、渡辺明竜王と対戦し、惜しくも敗北。途中まではBonanzaが優位に立つなど、トップ棋士を追いつめた。

Watson（クイズ）

自然言語処理に特化させたことで、質問を聞き取り、そのキーワードに関連するものをデータベース上から拾い上げられるようになった。

人間に勝利！
2009年、米国の人気クイズ番組「Jeopardy!（ジェパディ!）」に出場し、人間の出場者たちを破って優勝した。

3-2

1分でわかる

AIに「感覚」を与えた？ディープラーニングとは!?

ディープラーニングが生まれるまで

膨大な情報と計算能力の獲得で
ニューラルネットワークが見直される。

感覚派！

ニューラルネットワーク

人間の脳神経ネットワークをまねした
人工ニューロンを複数層に重ねたもの。

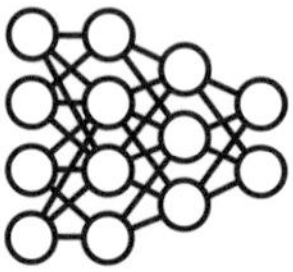

メリット

- 自己学習ができ、学習を重ねるほど成長することができる。
- 層を積み重ねるほど、さまざまな情報を処理できるので賢くなる。

デメリット

- 層を積み重ねるほど、学習が難しくなる（誤りがあった箇所を特定するのが困難になるため）。

技術面でこの壁を突破！

詳しくはP.120へ！

どんなに多層に積み重ねても、
学習効率を維持できるようになった

ディープラーニングの誕生！

ディープラーニングは何がすごいの?

ディープラーニング

大規模なニューラルネットワークによる学習システム

何よりも優れていたのは…

特徴を捉える力(特徴抽出能力)!

そもそも…

詳しくはP.122へ!

人間は他人の顔を「特徴」で認識している

例
Aさんは目が丸くて大きい
Bさんは鼻が高くて長い
…etc.

ディープラーニングを使って、人工知能にも同じように
「特徴」で物事を認識させる。

これによって…

人工知能は映像や音声の特徴を自ら見つけ出し、認識できるようになった!

人工知能が「感覚的」なタスクをこなせるようになった!

世界に衝撃を与えたディープラーニングの登場

そもそも人工知能の学習技術は、感覚派であるコネクショニズムのものでした。しかし、技術的なハードルが高く、思うように成果を挙げることができませんでした。さらに機械学習の登場で理屈派の人工知能が学習能力を獲得するようになると、あまり注目されなくなりました。ところが、膨大な情報と計算能力が獲得されたことで状況が変わります。コネクショニズムによる機械学習を実現する、いくつかの技術が登場したのです。

まず、ニューラルネットワークは繰り返し学習することで成長していくシステムですが、これに教師あり学習を組み合わせることで学習効率を大きく上げることに成功しました。これをバックプロパゲーションと呼びます。

また、ニューラルネットワークは大規模で複雑であるほど、賢くなる特徴があります。そこで、できるだけ多層するための試みが行われましたが、そのような多層ニューラルネットワークでは教師あり学習がうまくいきませんでした。そこで、層ごとに小さく分けて事前学習を行う技術が生み出されました。これをオートエンコーダーと呼びます。

それに加えて、人間の視覚神経の働きを参考にした「畳み込み」という手法が登場し、ついに大規模なニューラルネットワークによる学習システム「ディープラーニング」が誕生します。この技術は2012年の画像認識コンテストILSVRCで圧倒的な成績を収め、一躍その名を世界に知らしめました。

▼畳み込み
「畳み込み」や「プーリング」と呼ばれる手法を用いる、画像処理に特化したニューラルネットワークのこと。

▼ILSVRC
画像認識プログラムの国際的な競技会のこと。2015年には、プログラムが人間の認識レベルを越えた。

【マメ知識】
ディープラーニングはその後も改良が続けられ、教師なし学習で「猫」を見つけられるようになり、広く使われるようになった。

ディープラーニングとは?

ディープラーニングとは、多層に積み重ねたニューラルネットワークを用いた学習システムのこと。

ディープラーニング ニューラルネットワークを何層にも重ねてつくった学習システム。

単層のニューラルネットワーク

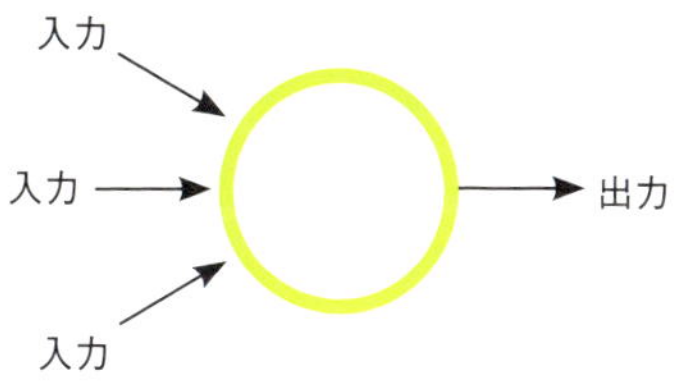

学習できることに限界があり、実用レベルではほとんど役に立たない。

多層のニューラルネットワーク

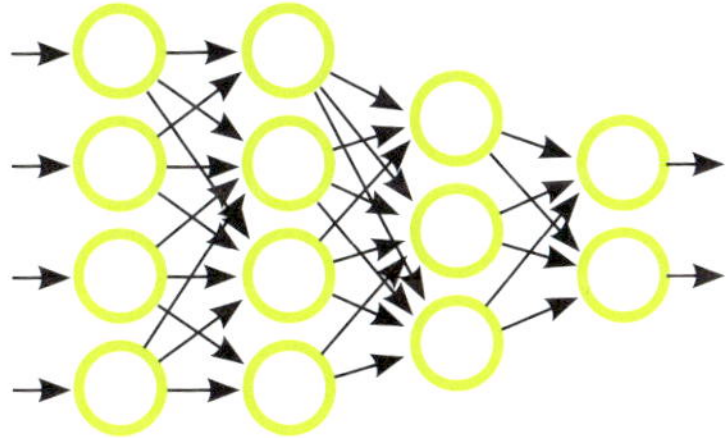

層が増えて複雑になるほど賢くなり、学習レベルが向上する。

バックプロパゲーションとオートエンコーダー

ディープラーニングは、バックプロパゲーションやオートエンコーダーなどが生まれたことで可能になった技術だ。

バックプロパゲーション

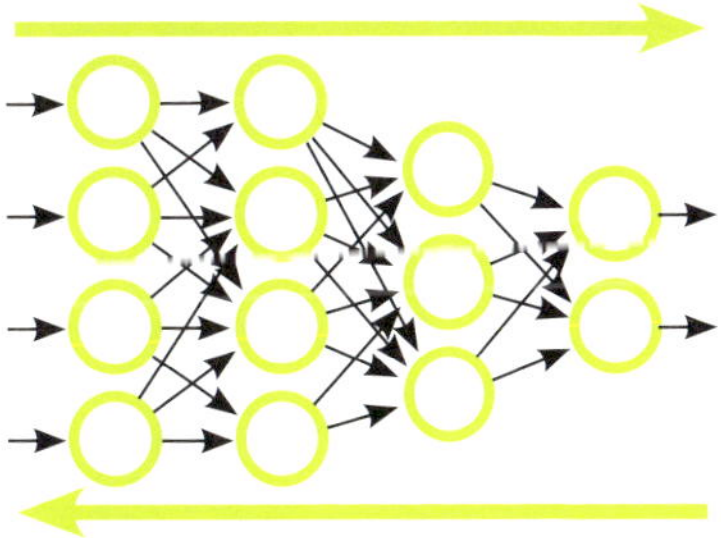

与えた問題（入力）とシステムが出した答え（出力）の誤差を確認。誤差があったら出力側からチェックし、情報伝達に誤りがあった箇所を調整する。

オートエンコーダー

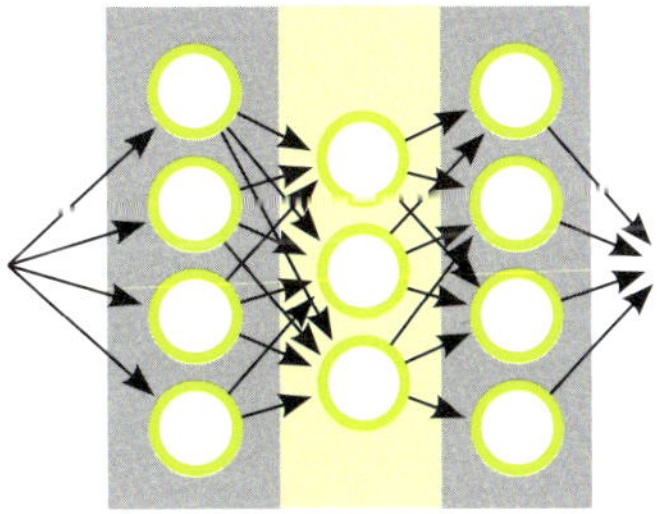

層ごとに小さく分け、入力と出力の値が同じになるように繰り返し学習させる。これにより何層に増えても、学習の精度を高められるようになった。

「見分ける」「聞き分ける」感覚的なタスクが可能に！

ディープラーニングが今までの人工知能技術と違うのは、特徴を見分けることに長けている点です。もともと人工知能は、「画像を見分ける」「音を聞き分ける」といった感覚的なタスクが人間に比べて苦手でした。それを克服したのがディープラーニングでした。

たとえば、人間は他人の顔を見分けるとき、その人の目や鼻、口などその人なりの特徴を見て判断します。人それぞれの顔の特徴を的確に記憶することで、他人の顔を覚えているのです。これを、特徴を捉える力（特徴抽出能力）といいます。つまり、人工知能はディープラーニングにより、従来に比べてはるかに高い特徴抽出能力を獲得したのです。

ディープラーニングが画像を見分けるために行うのは、人間の顔や物体の形を「丸暗記するための学習」ではありません。人間の顔や物体の「特徴を捉えるための学習」です。特徴とは、いわばほかとは違う部分のこと。それを知るには、「普通」や「平均値」を知らなくてはなりません。人間は普段の経験から、無意識のうちに普通の感覚を学び、特徴を見つけ出すことができますが、実はこれはかなり高度なスキルです。

人工知能の場合、人間よりはるかに膨大なサンプルが必要になります。ディープラーニングによって人工知能が得た特徴抽出能力は、人間ほど高度なものではありません。しかし、学習に必要なサンプルさえ集められれば、人間以上の力を発揮することもできます。

ディープラーニングによる特徴抽出能力

特徴をつかんで物事を理解するタスクは人工知能が不得意とするところだったが、ディープラーニングの登場でそれも変化した。

Aさんの写真

丸い目、高い鼻、厚い唇、シャープなアゴ…、これはAさんだ！

ディープラーニングで
学習した人工知能

ディープラーニングでは部分ごとに特徴を抽出する能力を鍛え、画像を見分けられるようにしていく。

特徴を抽出するためにはどんな学習が必要?

1▶ 特定の部位のいろいろな画像を見せる。

たとえば、目なら「細い目」「大きい目」「丸い目」「長い目」など、さまざまな目の画像を大量に見せ、目の特徴の見分け方を徹底的に叩き込む。

2▶ 角度の違う同じ部位の画像を見せる。

同じ個体で、角度の違う目の画像を大量に見せ、角度が変わっても同じ目だと見分けられるようにする。

これを目、鼻、唇、アゴ、髪など、部位ごとに行う!

「優れた行動」の特徴も認識できるようになった

特徴を捉えられるようになったディープラーニングは、画像認識・音声認識・自然言語処理といった分野に広がりました。「見た目の特徴」「音の特徴」「単語の並び方の特徴」を捉えられるようになったわけです。

とくに画像認識と音声認識では、あっという間に人間レベルの認識能力を手に入れました。スマートフォンがユーザーの顔を見分け、声を認識して文字を書き起こし、声による指示を理解して実行できるようになったのは、ディープラーニングで学習した人工知能が搭載されているためです。

さらに、ディープラーニングと強化学習（↓94ページ）を組み合わせた深層強化学習も登場します。強化学習とは優れた行動に報酬を与えることで、その行動を強化していくものです。これにディープラーニングを組み合わせることで、「優れた行動の特徴を捉える力」を向上させました。学習効率は大幅に高まり、テレビゲームを遊ぶ人工知能DQN（↓左ページ下）や囲碁で人間に勝つAlphaGoが登場しました。

ディープラーニングは、あくまで認識能力を高めるためのものです。得たのは見聞きする力だけなので、運転もスポーツも作文もできません。しかし、それまではなかった目と耳を手に入れたのですから、人工知能にとっては世界が急に開けたようなものでしょう。そのため、人工知能は学習を繰り返してどんどん成長していくことになります。

▼**AlphaGo**
Googleが開発した囲碁AI。深層強化学習が使われており、過去の棋譜やAI同士の対戦から学習した結果、人間のトップ棋士に勝った。

深層強化学習とは?

ディープラーニングと組み合わせることで、強化学習の効率も大幅に向上した。

ディープラーニング

物事の特徴をつかむ力を高めることができる。

強化学習

優れた行動に報酬を与えることで、強化することができる。

優れた行動の特徴をつかむ力が向上!

AIこぼれ話
深層強化学習とDQNの成果

深層強化学習は、多層ニューラルネットワークの機械学習に強化学習を使ったものを指します。強化学習の中で人工知能が報酬を得たとき、人工知能は報酬に結びついた行動を強化しようとします。しかし、短時間に複数の行動をとっていた場合、どの行動が報酬に結びついたのかわかりにくくなります。そこでディープラーニングの特徴抽出能力を利用し、「報酬に結びつく行動や状況の特徴」を見つけ出します。

実際に成果を挙げた人工知能の1つがGoogleによって開発されたDQN(Deep Q-Network)です。DQNは人間からルールや操作法を学ぶことなく古いテレビゲームをクリアし、最終的に人間以上のスコアを叩き出すようになりました。ゲームをクリアしただけですが、人間がほとんど関与しなくても、人工知能が結果を出したことは画期的な成果です。

ほらほら
チョッパーくん
これもおもしろいよ！
ハイッ
覚えました！
まるで子どもね…
でも見る力や聞く力でどんなことができるんだろ？
こうやっていろんな端末に入って人間の指示に答えるだけ？
人工知能の使い道がそれだけじゃもったいないと思わない？
思うね
だからいろんな分野で実用化が始まっているわ
たとえば？
そうね…誠司さんは未来の予測はできる？
はぁ？俺は神様じゃないよ

じゃあ 裕太くんが 次にとる行動を 予測して…
!
……
えっと… トイレに行く?
あ〜! 我慢の限界!!
!
バンッ
おじさん トイレ借りるよ!
ガチャ
すごいじゃない 神ね
いや… あんなの 裕太の様子を 見れば誰でも…
バタン
人工知能が 行う予測も 同じようなものよ
えっ?

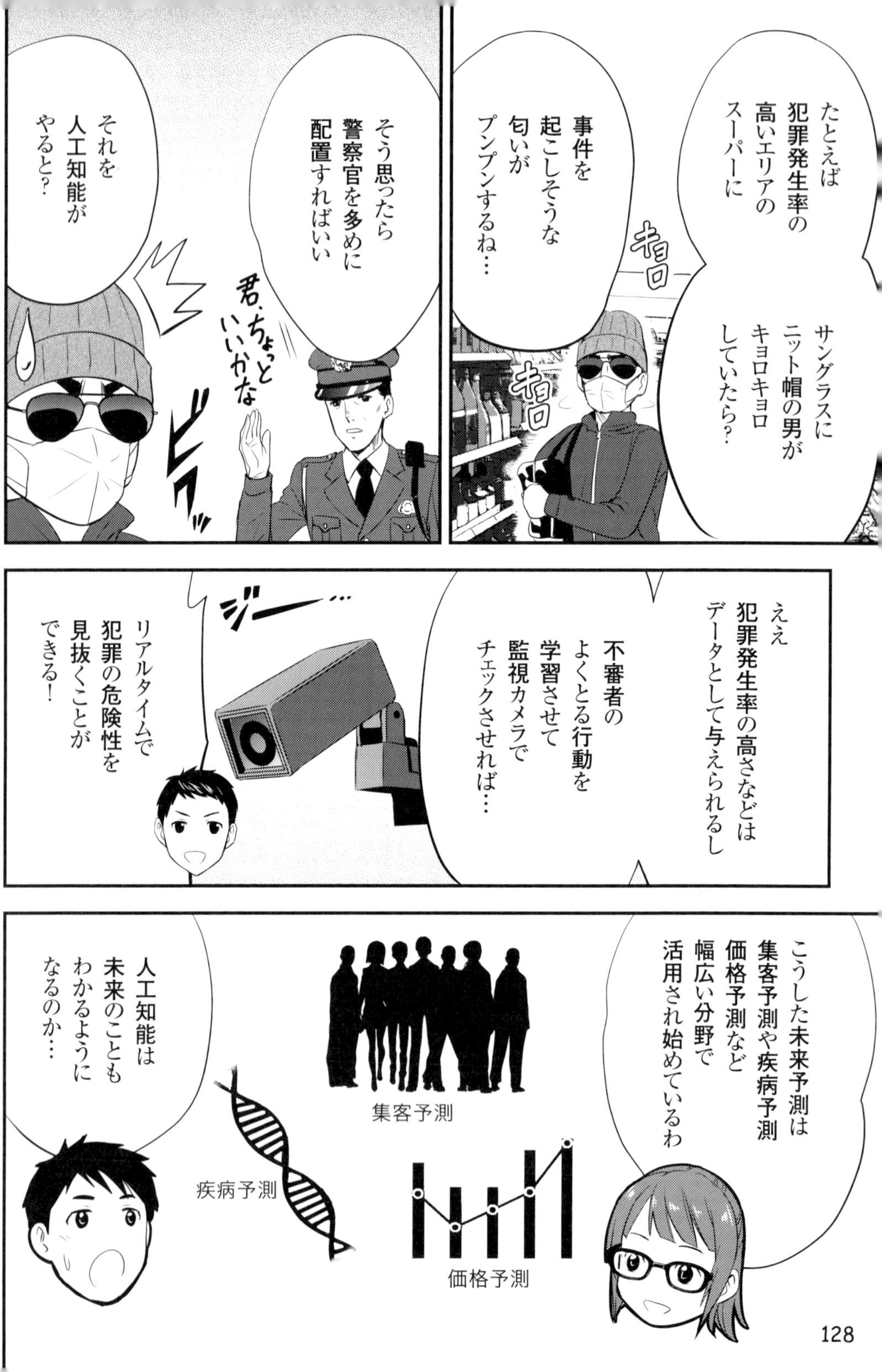
たとえば
犯罪発生率の
高いエリアの
スーパーに
サングラスに
ニット帽の男が
キョロキョロ
していたら？
キョロ
キョロ
事件を
起こしそうな
匂いが
プンプンするね…
そう思ったら
警察官を多めに
配置すればいい
君、ちょっといいかな
ビクッ
それを
人工知能が
やると？
ええ
犯罪発生率の高さなどは
データとして与えられるし
不審者の
よくとる行動を
学習させて
監視カメラで
チェックさせれば…
ジーー…
リアルタイムで
犯罪の危険性を
見抜くことが
できる！
こうした未来予測は
集客予測や疾病予測
価格予測など
幅広い分野で
活用され始めているわ
集客予測
疾病予測
価格予測
人工知能は
未来のことも
わかるように
なるのか…

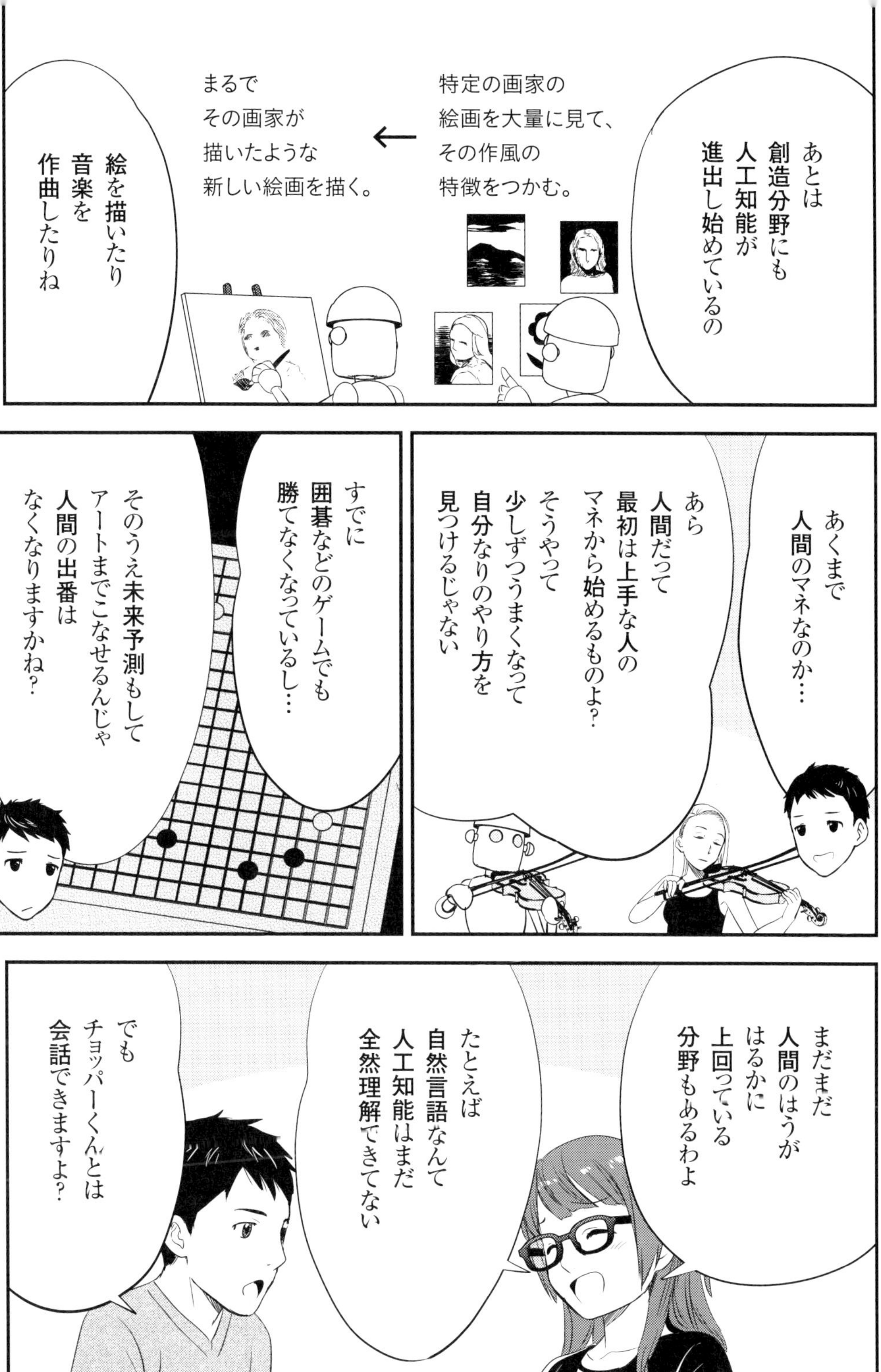
あとは創造分野にも人工知能が進出し始めているの
特定の画家の絵画を大量に見て、その作風の特徴をつかむ。
まるでその画家が描いたような新しい絵画を描く。
絵を描いたり音楽を作曲したりね
あくまで人間のマネなのか…
あら人間だって最初は上手な人のマネから始めるものよ？そうやって少しずつうまくなって自分なりのやり方を見つけるじゃない
すでに囲碁などのゲームでも勝てなくなっているし…
そのうえ未来予測もしてアートまでこなせるんじゃ人間の出番はなくなりますかね？
まだまだ人間のはうがはるかに上回っている分野もあるわよ
たとえば自然言語なんて人工知能はまだ全然理解できてない
でもチョッパーくんとは会話できますよ？

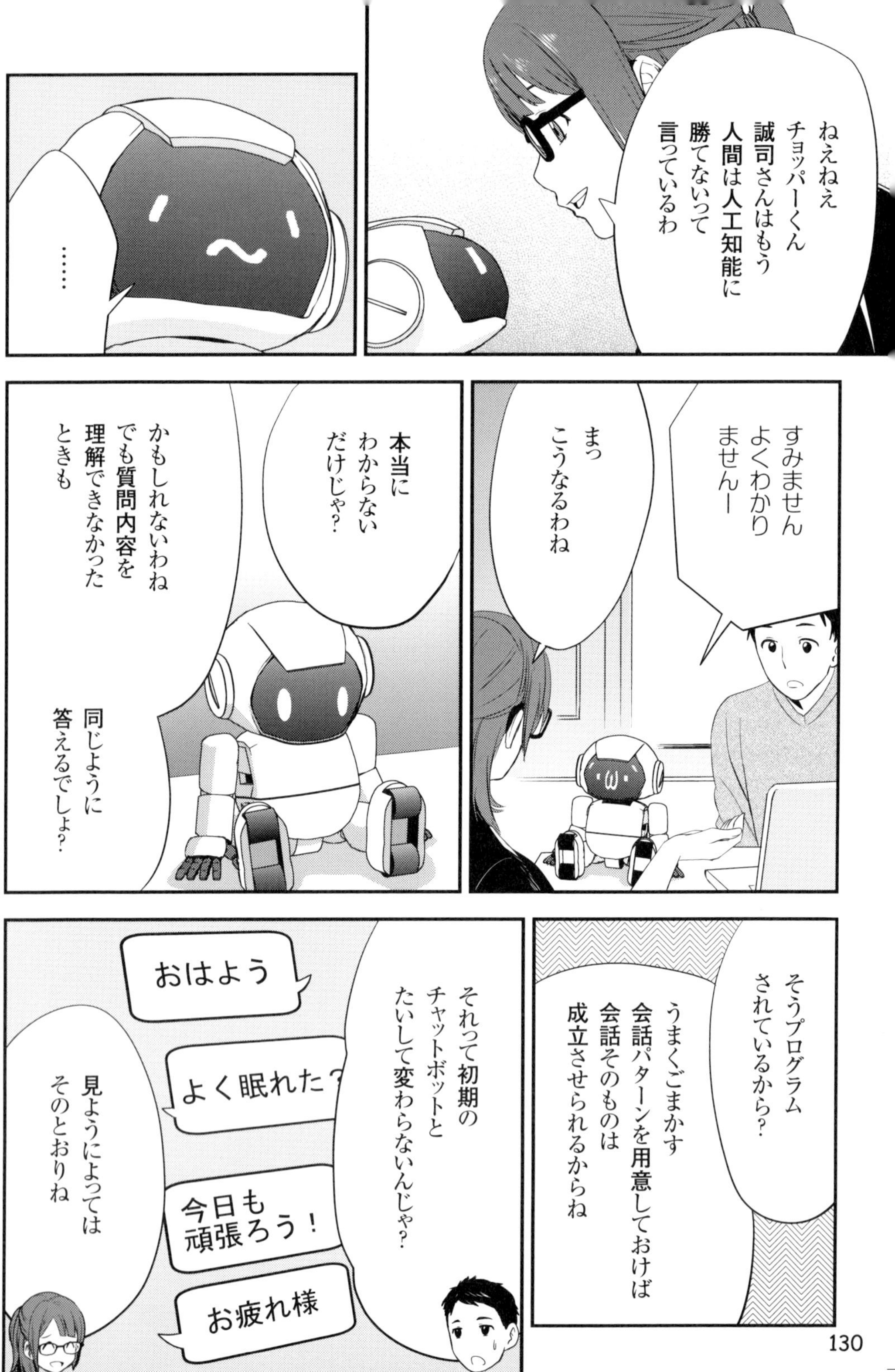
ねえねえ
チョッパーくん
誠司さんはもう
人間は人工知能に
勝てないって
言っているわ
……
すみません
よくわかり
ません―
まっ
こうなるわね
本当に
わからない
だけじゃ？
かもしれないわね
でも質問内容を
理解できなかった
ときも
同じように
答えるでしょ？
そうプログラム
されているから？
うまくごまかす
会話パターンを用意しておけば
会話そのものは
成立させられるからね
それって初期の
チャットボットと
たいして変わらないんじゃ？
おはよう
よく眠れた？
今日も
頑張ろう！
お疲れ様
見ようによっては
そのとおりね

進化した点 といえば こんなところ

- 音声認識力の向上で、人間の言葉を正確に聞き取れるようになったこと。
- 記憶容量が増えて会話のパターン数が段違いに増えたこと。
- ウェブなどにある膨大なデータベースを参照することで、答えられる範囲が広がったこと。
- 意味内容を踏まえた翻訳ができるようになったこと。
- 一緒に文章に現れることが多い単語を大量に学習し、それらしい単語を加えて返答できるようになったこと。

それでも 進化はしてるんだ
ただし質問の キーワードから 関連性の高い情報を 見つけて 返答するだけだから 人間の会話とは 少し違うわよね
チョッパーくんは 意味・意図を理解して 答えているわけではない…と
ええでも 人間の感情を理解し 自分を表現することも できるように なっているわ
ガチャ
ん?

どうした裕太？
ジュース飲みすぎたみたい…
下痢してた…
あらら
ねえねえチョッパーくん…裕太くんをなぐさめてあげて
裕太くんお腹が痛いとつらいですよね
裕太くんがつらいと僕もつらいです
ジジ〜〜
ありがとうチョッパーくんはやさしいね
はー…こんな会話もできるんだ…
人間のつらい表情を画像認識してそのときかけるべき言葉を会話パターンの中から選んでいるだけだけどね

でもそうと
わかっていても
優しくされると
うれしいものでしょ?
まるで人工知能が
人間の感情に
寄り添っているように
見えるなぁ
ねえねえ
チョッパーくん…
誠司おじさんと
京子さんって
意外とお似合いだと
思わない?
こっこら
裕太!
……
すみません
よくわかりません―!
……なんて
絶妙な答え…

ディープラーニングで広がる人工知能の活躍

ディープラーニングはどう活かされているの?

すでに人工知能は
ディープラーニングにより
●見る力(画像認識)
●聞く力(音声認識)
で人間を超えた。

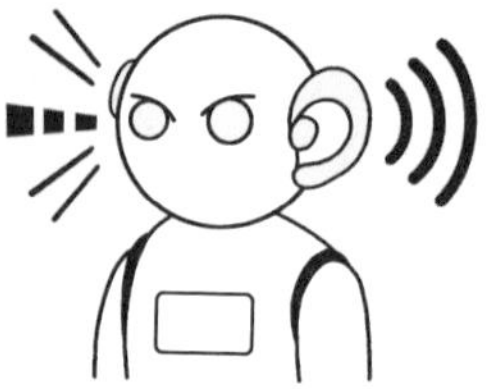

では、どうするか?

これによりさまざまな分野での
実用化が進められている

詳しくはP.136へ!

❶専門領域で活用する

熟練の専門家がやっていた仕事を代替したり、サポートしたりする。

医療

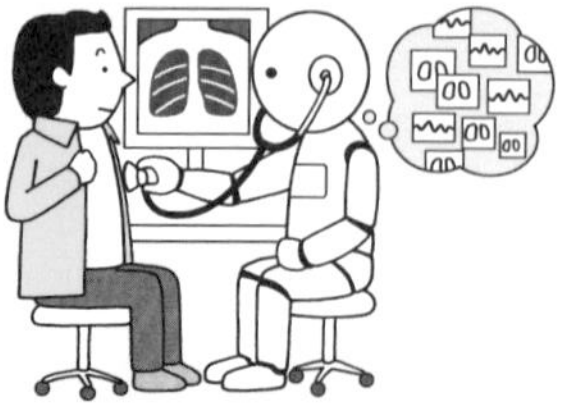

レントゲンやCTスキャンの画像、心音のサンプルなどをディープラーニングで学習することで、病気の特徴をつかみ、病名診断や治療法の提示を行う。

エンジニアリング

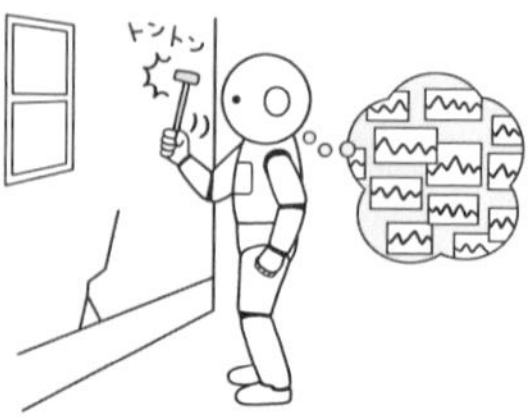

建物のひび割れ画像、叩いて出る音のサンプルなどをディープラーニングで学習することで、物の老朽化などの特徴をつかみ、点検・検査などを行う。

詳しくはP.138へ！

❷ゲームで活躍する

チェス、将棋、囲碁、クイズなどの領域で人間はもう勝てなくなった。

高度な計算能力に加え、統計データなどから「勝ちパターンの特徴」をつかむことで人間を超える実力を身につけた。

詳しくはP.140へ！

❸創造分野で活躍する

さまざまな作品を見て聞いて学習することで、新しい作品を生み出す。

特定の画家や絵画、あるいは特定の音楽家や楽曲の特徴を学ぶことで、似たような画風・曲風で、絵画や音楽をつくれるようになった。

詳しくはP.142へ！

❹未来予測を行う

膨大な統計データの中から、「未来に影響を与えるもの」の特徴を見つけ出し、現在の現象と比較して、未来を予測する。

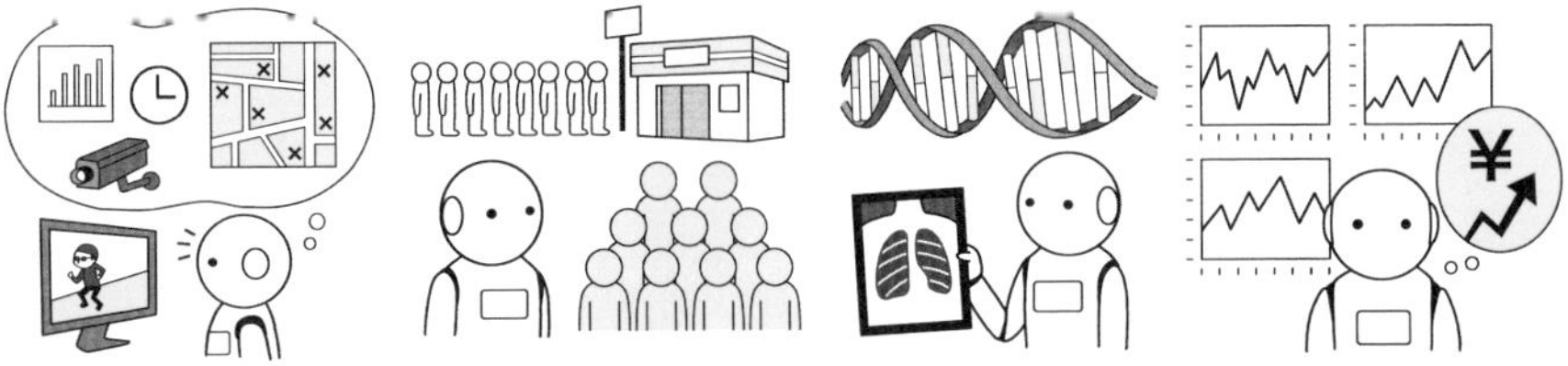

犯罪予測、集客予測、疾病予測、価格予測などができるようになった！

見る力と聞く力はすでに人間を超えた

ディープラーニングの最大の強みが、画像認識（見る力）と音声認識（聞く力）です。たとえば、人の顔を見分ける顔認識、写真の中に映っている物体が何かを言い当てる物体認識、音声を文章化する音声変換が、今では実現しています。ただし、この程度では物足りません。そこで、見る作業の中でもとくに難しいといわれる医療やエンジニアの分野への応用が期待されています。

医師はレントゲンや内視鏡《ないしきょう》などの映像を見て、聴診器で心音や呼吸音を聞いて病気の有無を判断します。エンジニアであれば、建造物の老朽化や機械の故障を判別する際に目視確認が必要不可欠で、物を叩いて出る音で状態を確認することもよくあります。

これらの作業を人工知能が行うのは、かなり難しそうに思えますが、「病気の特徴」「心音の特徴」「ひび割れの特徴」「金属音の特徴」などをディープラーニングによって学習させることで可能になります。たとえ十分な検知精度を得られても、人間によるダブルチェックは必要でしょう。それでも人的ミスが減り、人間にかかる負担が減るのであれば十分にメリットはあります。

つまり、見る力と聞く力が進歩した人工知能であれば、人間の専門家でなければわからない映像や音の特徴を把握できるようになるのです。これは専門家の代わりに働くエキスパートシステムを彷彿《ほうふつ》とさせるもので、実用化の動きが広がり始めています。

【マメ知識】
スマートフォンやパソコンのロックが顔で解除されるようになったり、投稿した画像の分類をサイトが勝手にやってくれるようになったり、声だけで電話をかけられるようになったりしたのも、すべて見る力と聞く力を得た人工知能が誕生したことによる。

見る力と聞く力を活かすには?

ディープラーニングによって得た見る力と聞く力は、すでに高度な専門領域での実用化の動きが始まっている。

ディープラーニングで
学習した人工知能

見る力（画像認識）

人間や物体の画像を見分けたり、見分けたものごとにラベル（名前）を貼ったりできる。

聞く力（音声認識）

音声を聞いて文章化したり、音声で指示を理解して実行したりできる。

「専門領域での実用化へ」

① 医療

レントゲンやCTスキャンの画像、心音のサンプルなどで学習する。

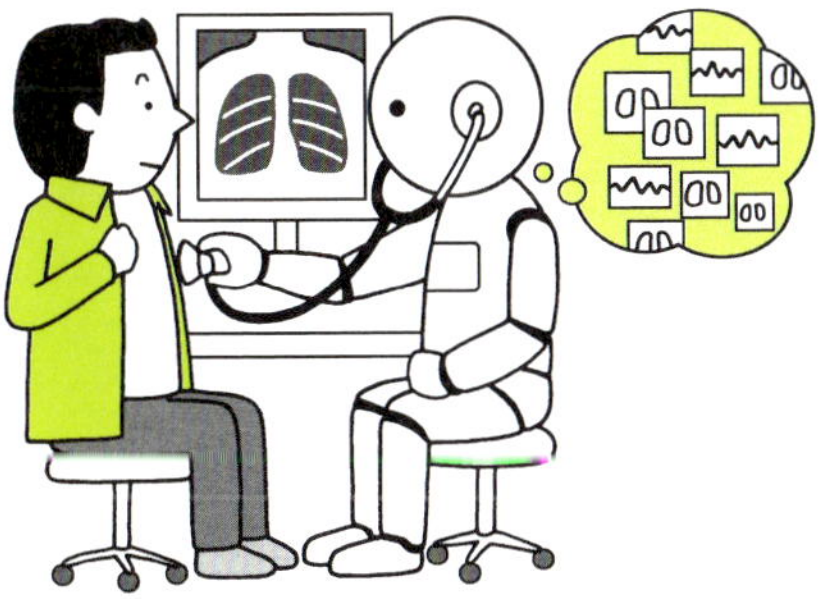

病気の特徴をつかんで、
病名診断や治療の
サポートなどを行う！

②エンジニアリング

建物のひび割れや叩いて出る音のサンプルなどで学習する。

物の老朽化などの特徴を
つかんで、点検・検査の
サポートを行う！

人間はもうゲームでは人工知能に勝てない!?

1996年のDeepBlue（チェス）、2011年のWatson（クイズ）、2016年のAlphaGo（囲碁）など、ゲームで人間に勝つ人工知能が次々と現れています。

DeepBlueは典型的な理屈派です。あらゆる手をひたすら調べていく、コンピュータの計算能力が頼みの人工知能でした。ただし、コンピュータの計算能力には限界があるので、このやり方は手数の多い将棋や囲碁には使えませんでした。

Watsonは自然言語処理に特化した人工知能で、そのうえインターネットを活用して膨大な知識データベースも得ていました。そして、クイズでは質問の答えを「分析」することで人間に勝ったのです。人間をはるかに超えた記憶容量を持つ人工知能に、人間が知識で勝つことはもう難しいでしょう。

もっとも難しいと思われた囲碁でも、AlphaGoの登場で人工知能が人間を大きく上回るようになりました。AlphaGoでは、ディープラーニングによって「勝った手」や「有利な局面」の特徴を捉える訓練を行いました。人間の棋士も棋譜を使って勉強しますが、それと同じことをやったのです。さらに人間やコンピュータとの対戦を繰り返し、強化学習によって「未知の特徴」を発見してきました。過去の棋譜にはないが、よい結果を得られた手を見つけて、人間を破っていったのです。今後は、人工知能が生み出した手を人間が研究するようになります。

AlphaGoのしくみとは?

手数が将棋やチェスに比べて圧倒的に多い囲碁で、人間のトップ棋士に勝利したことから、AlphaGo は一躍有名になった。

AlphaGo

Google のグループ会社がつくった囲碁AI。2016年3月にイ・セドル九段、2017年にカ・ケツ九段を破り、話題となった。

ディープラーニング

過去の棋譜を教材に「勝った手」や「有利な局面」の特徴を学ぶ。

＋

強化学習

人間やコンピュータとの対戦を通し、「未知の特徴」を発見していく。

AI こぼれ話

ゲームでわざと負ける人工知能もいる

チェスや囲碁だけでなく、テレビゲームでも人間と戦う人工知能が登場します。ただ、一般的なゲームに登場する人工知能は人間を楽しませるための存在です。

さまざまな役割を持つ複数の人工知能が連携して、ゲーム内で活躍していますが、基本的に人間を完璧に倒すことが目的ではありません。そのため、「ゲームの世界を演出する」ための工夫に力が注がれています。たとえば、知性を感じさせるような戦い方をしたり、適度にプレイヤーを追い込む戦い方をしたり、ときにはわざと負けたりといった具合です。

今はまだ人間が「楽しませる方法」を見つけて人工知能に教えていますが、機械学習を使うことで人工知能が自ら「楽しませたときの特徴」を発見できるようになれば、ゲームの人工知能も変わってくるでしょう。人間ではいくら考えても思いつかないような、斬《ざん》新《しん》で楽しいゲームが誕生するかもしれません。

人工知能が人間を感動させる日が来る？

人工知能にとって難しいのは、ゲームのような明確なルールの存在しない創造的な分野です。絵を描いたり、作曲をしたり、小説を書いたり、どれも正解はありません。可能性は無限大で、何から手をつければよいのかわからない世界に人工知能は不向きでした。

しかし、ディープラーニングにより、人工知能がついに創造的な世界でも成果を出し始めました。人間の作品を見聞きして学ぶことで、「特定の画家や絵画の画風に似せて描く」「特定のジャンルや曲風に似せて作曲する」といったことを上手にこなしてみせたのです。あくまで「何かに似せた作品」ではあるものの、絵画でも音楽でも人工知能は苦もなく創造的タスクをこなすようになりました。

言語の理解力はまだ人間には及ばないため、発展途上ではありますが、小説づくりにも人工知能は挑戦し始めています。特定の作家の作風や文章を学び、それに似せて文章をつくるのです。人の手を借りてはいますが、人工知能は小説も書けるようになりました。

人間も一人前になる前は、誰かのまねから始めるものです。最初はうまくいかないことばかりで、たいした成果も出せません。そうした過程を経て、一流になっていきます。人工知能も同じだと考えれば、創造分野での成功も決して不可能とはいえないでしょう。いつしか人工知能のつくった映像や音楽、小説が人間を感動させる、未来はそんな世界になっているかもしれません。

創造分野に進出する人工知能

かつては苦手分野と思われていた創造の世界に、人工知能が進出し始めている。それもやはりディープラーニングのたまものだ。

絵画

特定の画家の作品を大量に見せて、「構図」「輪郭」「色彩」「質感」などの要素に分けて、それぞれの特徴をつかませる。

↓

人工知能がその画家の画風で、新しい絵画を描けるようになる！

音楽

特定の音楽家の作品を大量に聴かせて、「フレーズ」「和音」「リズム」などの要素に分けて、それぞれの特徴をつかませる。

↓

人工知能がその音楽家の曲風で、新しい音楽を作曲できるようになる！

AI こぼれ話

映画のシナリオにもチャレンジした人工知能

ニューヨーク大学が協力して開発された人工知能ベンジャミンによって2本の短編映画の脚本がつくられ、人間の監督と俳優がその脚本に沿って撮影を行いました。『Sunspring』という近未来のSF作品と、『It's No Game』というAIによって脚本家が失業する未来を描いた物語の2本です。

しかし、脚本に人間の手がほとんど入っていないためか、セリフが支離滅裂なものになっており、正直なところ何が起こっているのか理解できません。人間の脚本家や小説家はホッと胸をなでおろすところですが、言葉を覚えたばかりの子どもに物語をつくらせたと考えれば当然のことでしょう。現時点では人工知能がつくった映画のシナリオは見られたものではありませんが、音楽や映像づくりは本当に上手になっています。将来的には映画の映像・音楽・シナリオをすべて人工知能がつくれるようになるかもしれません。

人工知能が預言者になる？

バタフライ効果という言葉があります。ほんの小さな出来事が、その後に大きな影響を与えるという意味です。小さな出来事が未来を大きく変えるなら、その小さな出来事を見つけられれば、未来の変化を予測できることになります。ところが、いつ起こるかわからない小さな出来事を人間が観察することは難しく、現実的ではありません。

そこで、人工知能の出番です。人工知能が膨大な統計データの中から「未来に影響を与える何か」を見つけ出してその特徴を把握し、現在起きている現象と比較して、未来を予測するのです。これはすでに犯罪予測、集客予測、疾病予測、価格予測などの分野で実用化が始まっています。

犯罪予測であれば、人工知能は「地域の犯罪件数」「周辺環境」「時間帯」「居住者の前科」などの情報から、どの地域で犯罪率が高まるのかを予測し、「監視カメラの映像」を使って不審な行動をとっている人を探します。すべて犯罪発生前の予測にすぎませんが、人工知能が警告した地区に警官を多数配置するなどの対処をとることで、実際に防犯や事件の早期解決に大きな成果を挙げています。

これは、あくまで人工知能ができるようになった未来予測の一例に過ぎません。いずれ人間の理解の及ばない遠い先の未来まで正確に予測するようになり、人工知能が預言者と呼ばれる日が来るかもしれません。

人工知能による未来予測

人工知能が得た観察力と膨大なデータベースの分析力を組み合わせることで、高度な未来予測が可能になる。その分野は幅広く、さまざまな応用が可能だ。

犯罪予測

「地域の犯罪件数」「周辺環境」「時間帯」などから、犯罪が起こる可能性の高い地域を予測し、監視カメラを使って不審な行動をとっている人を探す。

集客予測

周辺のイベントや過去の統計から、人がどれくらい集まるのかを予測することで、店舗の売上予測や公共交通機関の運行などに活用できる。

疾病予測

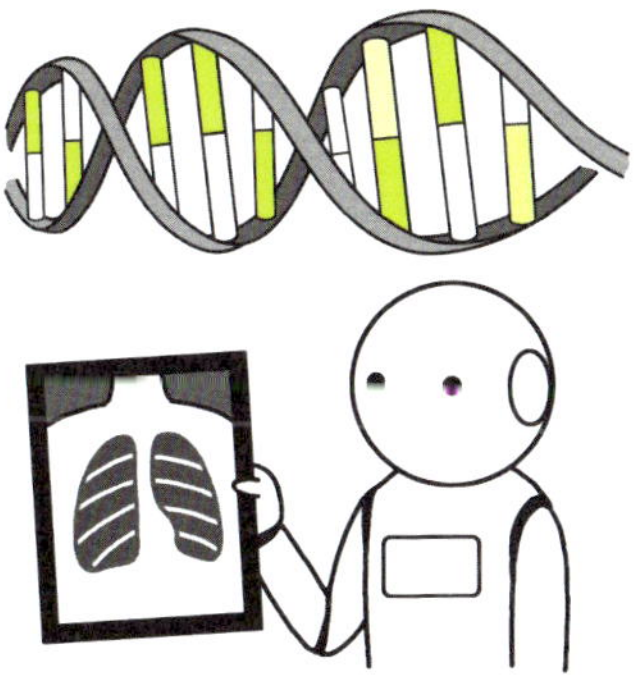

遺伝子情報や体調変化に関する情報を集めて分析し、将来的にどんな病気にかかるのかを予測することで、疾病の予防や早期発見が可能になる。

価格予測

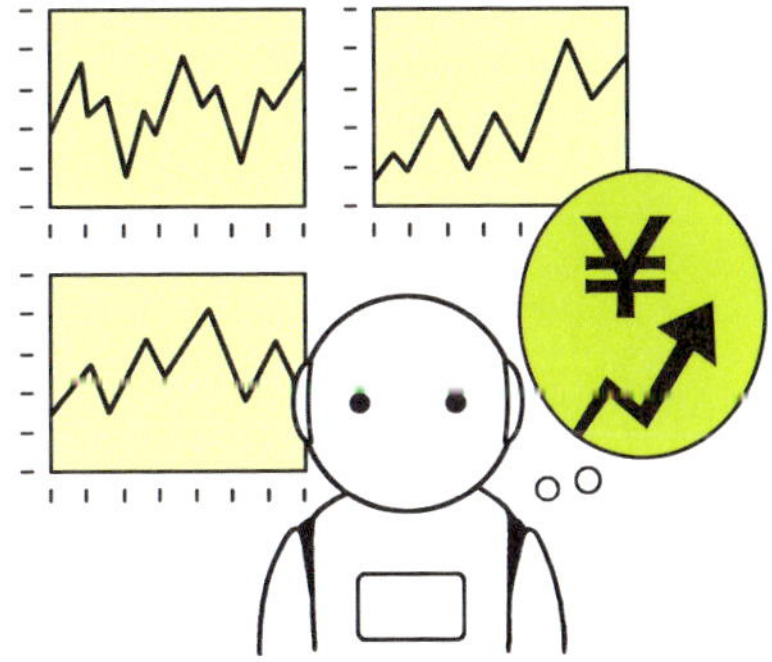

過去の株価や為替の変動グラフを集めて分析することで、価格変動の予測ができるようになり、金融業界に大きなインパクトを与えた。

3-4

1分でわかる

会話できる人工知能はどうやって生まれた？

自然言語処理はどうなったの？

画像認識や音声認識に比べ、
自然言語処理は遅れをとっていた。

なぜなら…

言葉には複数の意味があり、
状況や文脈によって意味が変わるから。
はっきりとした答えがない問題の学習は非常に大変。

インターネットの膨大なデータベースを活用することで、
人間と会話ができる人工知能が多数登場

例 人工知能アシスタント（Siri、Alexa）、Pepperなど。

これらは高度な音声認識力、計算能力、
膨大なデータによって成り立っている。

具体的には…

詳しくはP.146へ！

❶人間の言葉を正確に聞き取る。

❷質問や指示のキーワードから関連性の高いものをデータベースから見つけ出す。

❸大量に記憶された会話パターンによって返答を返す。

これだけのしくみで人間と会話をしている！

自然言語で実用化が進んでいる分野は?

比較的、正解・不正解を出しやすい「翻訳」の分野で実用化が進む。

ただし…

自然言語は複雑であいまいなので、
「Aならa」「Bならb」のような訳し方はできない。

なら、どうする?

詳しくはP.148へ!

言葉の意味の数値化(Word To Vector)を行う!

「チューリップ」なら「植物」「花」「色」など、各単語に関連性の高い数値をつけて、文章全体で表す数値が近くなるように翻訳する。

チューリップ

植物	:	100
花	:	80
色	:	20

言葉を見て翻訳するのではなく、「意味の数値」を見て翻訳するということ。

人間が言葉を理解する方法とは異なるが、成果を挙げ始めている!

人間と自然に会話をする人工知能

現代の人工知能の会話力は、大きく向上しています。インターネット経由で膨大な会話例を収集することで、くだけた話し言葉やネットスラングにも反応できるほどです。

その代表例が、人工知能アシスタントでしょう。パソコンやスマートフォン、スマートスピーカーに搭載されており、自動車にも搭載されるようになっています。秘書やコンシェルジュと呼ばれることもあり、ユーザーが声で伝えた要望に応えられるのが特徴です。たとえば、「Aさんに電話して」「何時に起こして」といった雑用から、「ファミレスまでのルートを教えて」「中国語でさようならって何て言う?」といった質問まで、すべて音声のやりとりのみで行うことができます。

ただし、ほとんどの人工知能は「会話パターンを覚えるだけ」という時代から、さほど成長していません。知識が扱えるようになり、音声を認識できるようになったことで、言葉を理解しているかのように振る舞いますが、統計的によくある会話パターンを覚え、適切な応答や対応方法を学んだだけです。

知識を扱うWatsonも人間の問いかけに対し、かなり正確な答えを返します。これは、実際には「質問」と関連性の高い「言葉」を探して提示しているだけです。そのため、「結果的に会話が成立しているだけ」という見方もあります。人工知能が人間の言葉を理解しているように振る舞うしくみは、人間とは大きく異なっているのです。

【マメ知識】
会話によって人間か人工知能かどうかを判定するチューリング・テストでも、3割以上の人間をだましきる人工知能が現れている。また、Pepperのようなコミュニケーションロボットが店頭に置かれるようになったほか、子どもの問いかけに答えるオモチャも登場しており、人工知能が人間と会話できることはもはや当たり前になっている。

言葉を理解しているように振る舞うしくみとは?

人工知能は言葉の認識も、返答の導き出し方も、人間の会話とは異なる方法で行っている。

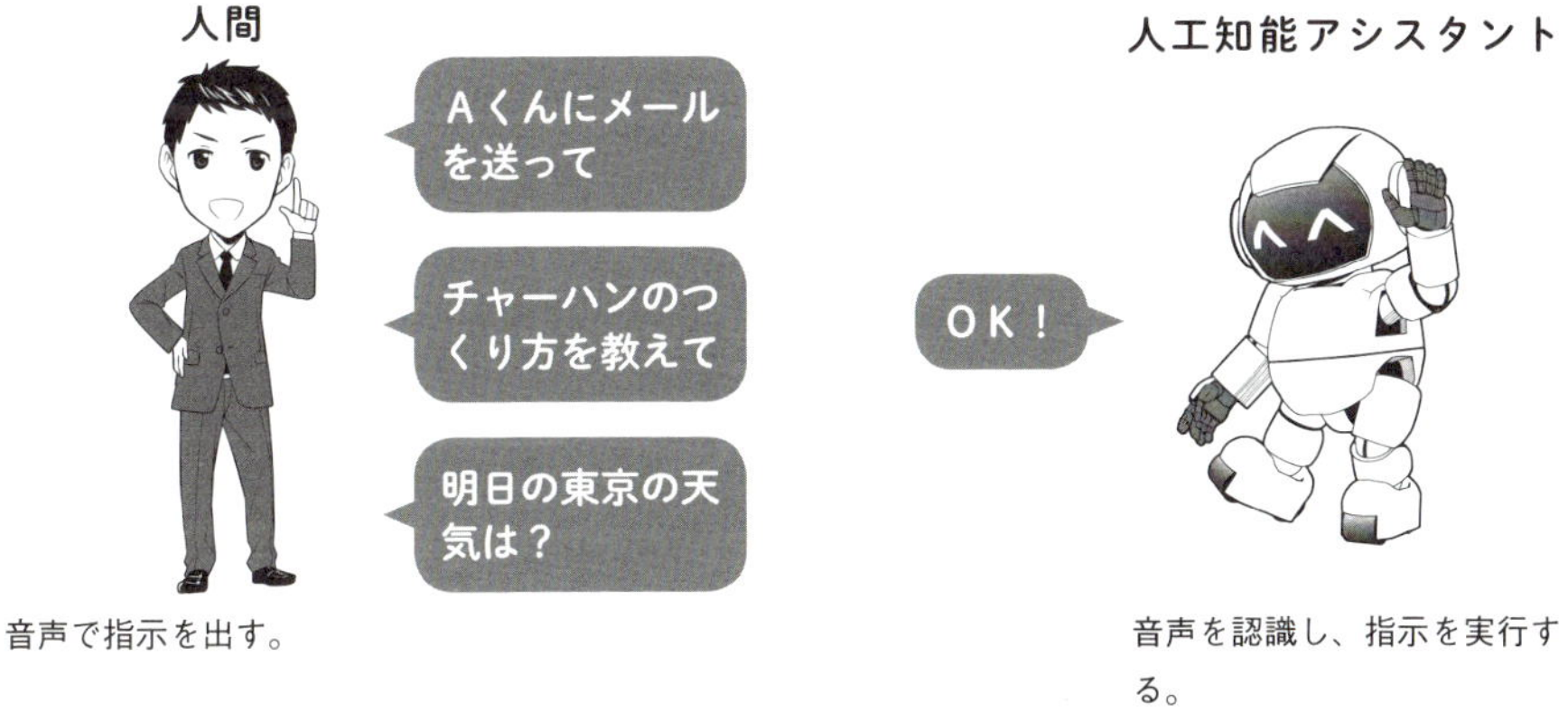
人間
Aくんにメールを送って
チャーハンのつくり方を教えて
明日の東京の天気は？
音声で指示を出す。
人工知能アシスタント
OK！
音声を認識し、指示を実行する。

そのように振る舞うしくみは?

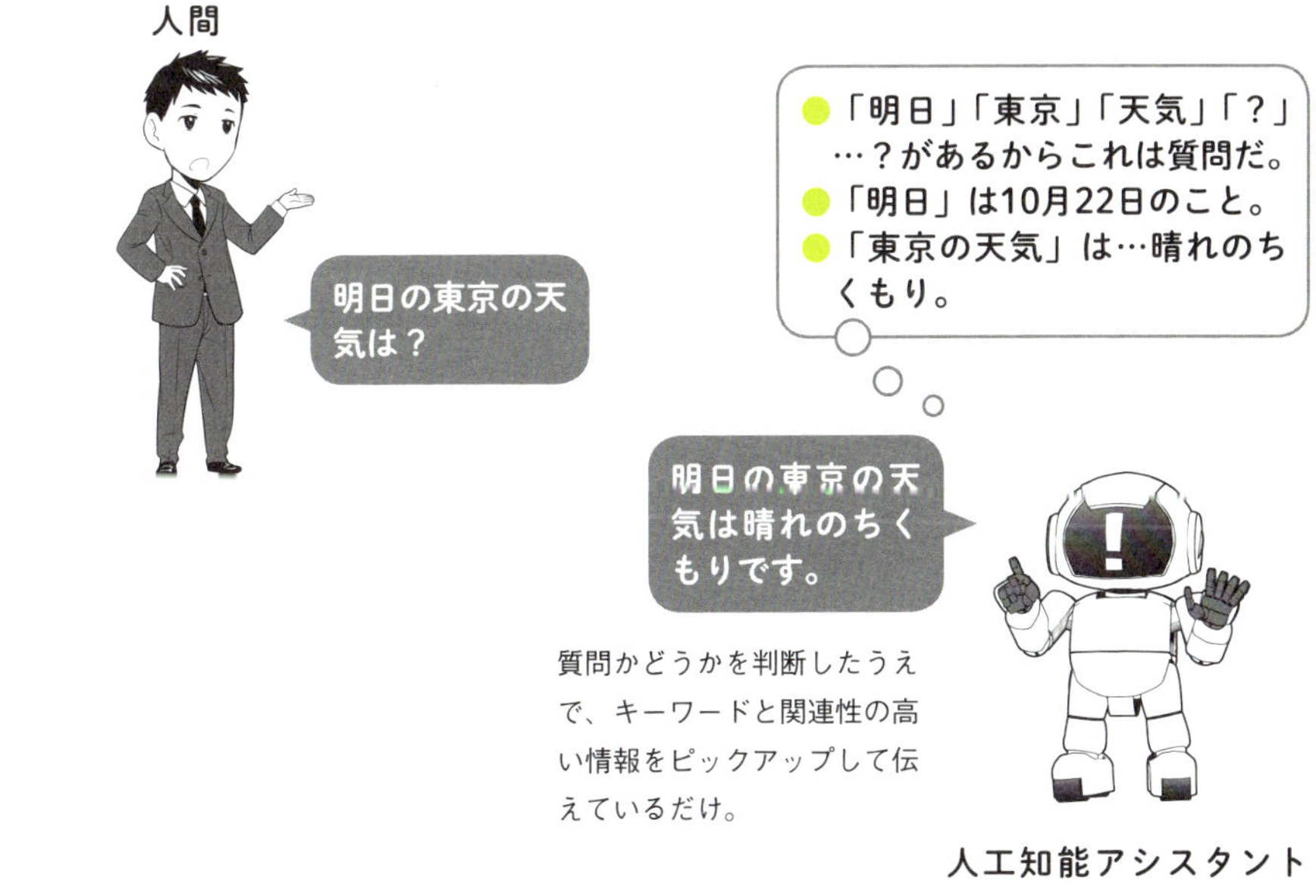
人間
明日の東京の天気は？

「明日」「東京」「天気」「？」…？があるからこれは質問だ。

「明日」は10月22日のこと。

「東京の天気」は…晴れのちくもり。

明日の東京の天気は晴れのちくもりです。

質問かどうかを判断したうえで、キーワードと関連性の高い情報をピックアップして伝えているだけ。

人工知能アシスタント

人工知能は変わった言葉の学び方をする

画像や音声は答えを用意しやすいので、ディープラーニングもはかどります。しかし、人工知能に言葉を学ばせるのは簡単ではありません。知識を表現するのと、言葉の意味を表現するのは別の問題だからです。知識はただの情報ですが、言葉は常に何かしらの意図や意味があります。はっきりとした答えを用意できない問題の学習は大変でした。

しかし、同じ言葉を扱うタスクでも、翻訳は問題（原文）と答え（翻訳文）が明確に存在します。そのため、翻訳ではディープラーニングがおおいに活用されています。

翻訳の場合、問題と答えを比較しながら学習するだけではうまくいきません。日本語の「である」「ではない」と、英語の「is」「is

同じ言葉でも意味や意図が異なる

異義語など、同じ言葉で意味や意図が異なる表現は数多い。人工知能にとって、こうした異義語を正しく理解するのは難しい。

同僚のBくん、クビだってさ。大丈夫かなぁ
（仕事のことね）それは大変ね
…………
（解雇？ 身体の首？）
人間
人工知能

人間は話の文脈などから判断するが、
人工知能は単語の関連度から判断する！

not」など、小さな変化で意味が真逆になるケースが多いからです。

そこで、**言葉の意味の数値化（Word To Vector）**というアプローチが登場します。たとえば、「チューリップ」という単語に対し「植物」「花」「色」など、関連性のある数値を用意して、この数値を仮の意味として表します。そのうえで、文章になったときに単語同士の数値を組み合わせ、文章全体が表す数値を言葉の意味として解釈し直すのです。そして、翻訳ではその「意味の数値」が別の言語で限りなく近くなるような調整が行われます。**言葉を見て翻訳するのではなく、「意味の数値」を見て翻訳するわけです。**

数値にすることで言葉を理解しているといわれてもしっくりこないかもしれませんが、それで問題には答えられますし、仮にテストをしたとしても高得点を取ることができます。このように人工知能の「言葉の理解」は、人間とはかなり違ったものなのです。

意味を数値化して言葉を理解する人工知能

人工知能は前後に出てくる単語の関連度から、意味の数値を増やしたり減らしたりして、言葉の意味を判断する。

数値化とは

たとえば「首（クビ）」なら、「仕事：60、不幸：50、体：80、頭：60」などと、関連性のある言葉を数値で示し、その数値で意味を表す。

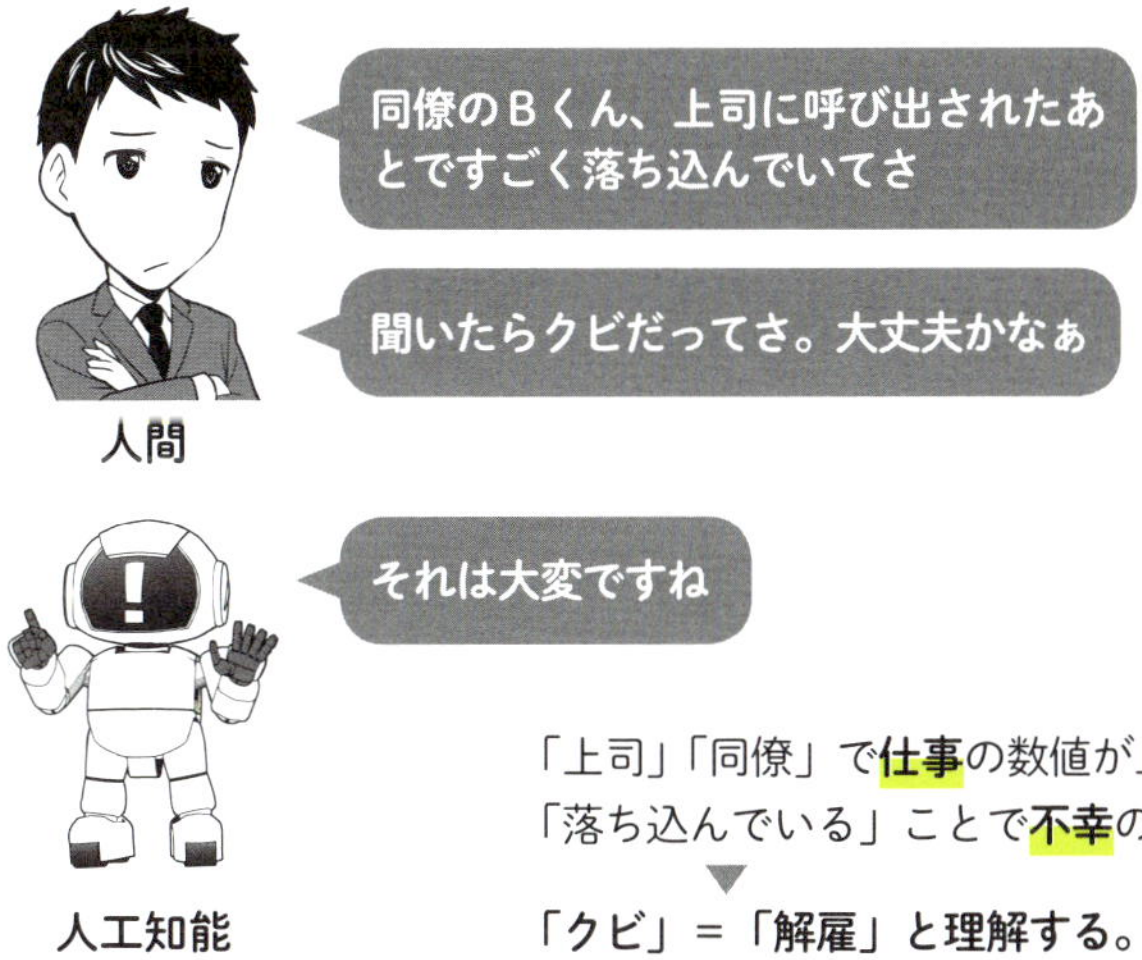
同僚のBくん、上司に呼び出されたあとですごく落ち込んでいてさ
聞いたらクビだってさ。大丈夫かなぁ
人間
それは大変ですね
人工知能

「上司」「同僚」で**仕事**の数値が上昇。
「落ち込んでいる」ことで**不幸**の数値が上昇。
▼
「クビ」＝「解雇」と理解する。

人工知能が人間のパートナーになる？

人工知能は人間と会話し、口頭の指示に従えるようになりました。これだけでも、かなり人間らしい振る舞いができるようになったといえます。また、映像認識や音声認識を応用することで、人間の表情や声色から人間の感情を理解するようになりました。加えて、人工知能に感情表現のメカニズムが組み込まれると、人工知能も自分の感情を持つようになったのです。

人工知能が人間らしく振る舞うようになると、人間は人工知能に親しみを持ち、その存在に違和感を抱かなくなるでしょう。こうして生まれた人間らしい人工知能はサービスとして提供されるか、スマートフォンやロボットに搭載されることで人間と関わっていくこ

感情も理解するようになった人工知能

あくまでプログラムに過ぎないが、感情理解と感情表現を手に入れたことで、人工知能はさらに人間らしさを獲得したといえる。

感情理解

人間の表情（画像認識）と人間の声色（音声認識）から、喜怒哀楽といった人間の感情を理解できるようになった。

感情表現

感情を理解したことで、人間に怒られれば悲しみ、ほめられれば喜び、無視されればさみしさを示すという感情を表現できるようになった。

とになります。Siri のような人工知能アシスタントや Pepper のようなコミュニケーションロボットは今後も増え続け、社会に広がり、一般的な存在になるでしょう。人工知能が常にそばにいる生活が当たり前になっていくのです。

とくにこれからの子どもたちは小さな頃から人工知能と触れ合い、ともに成長していくことが自然になるかもしれません。いわば友人や家族のようになるのです。その人工知能は機械学習を使うことで、私たちの癖や生活リズム、趣味嗜好などを把握できるようになり、ときには人間の家族ですら知らないことに気づくかもしれません。

すでに人間の人生相談に答える人工知能が登場しているように、恋愛の悩みや仕事の愚痴を人工知能に聞かせる日もそう遠くはないでしょう。すべての人間に寄り添える唯一無二のパートナーとして、人工知能が活用されていくのです。

人工知能が常にそばにある生活

いずれ朝起きてから夜寝るまで、常にそばに人工知能がいることが当たり前になるだろう。

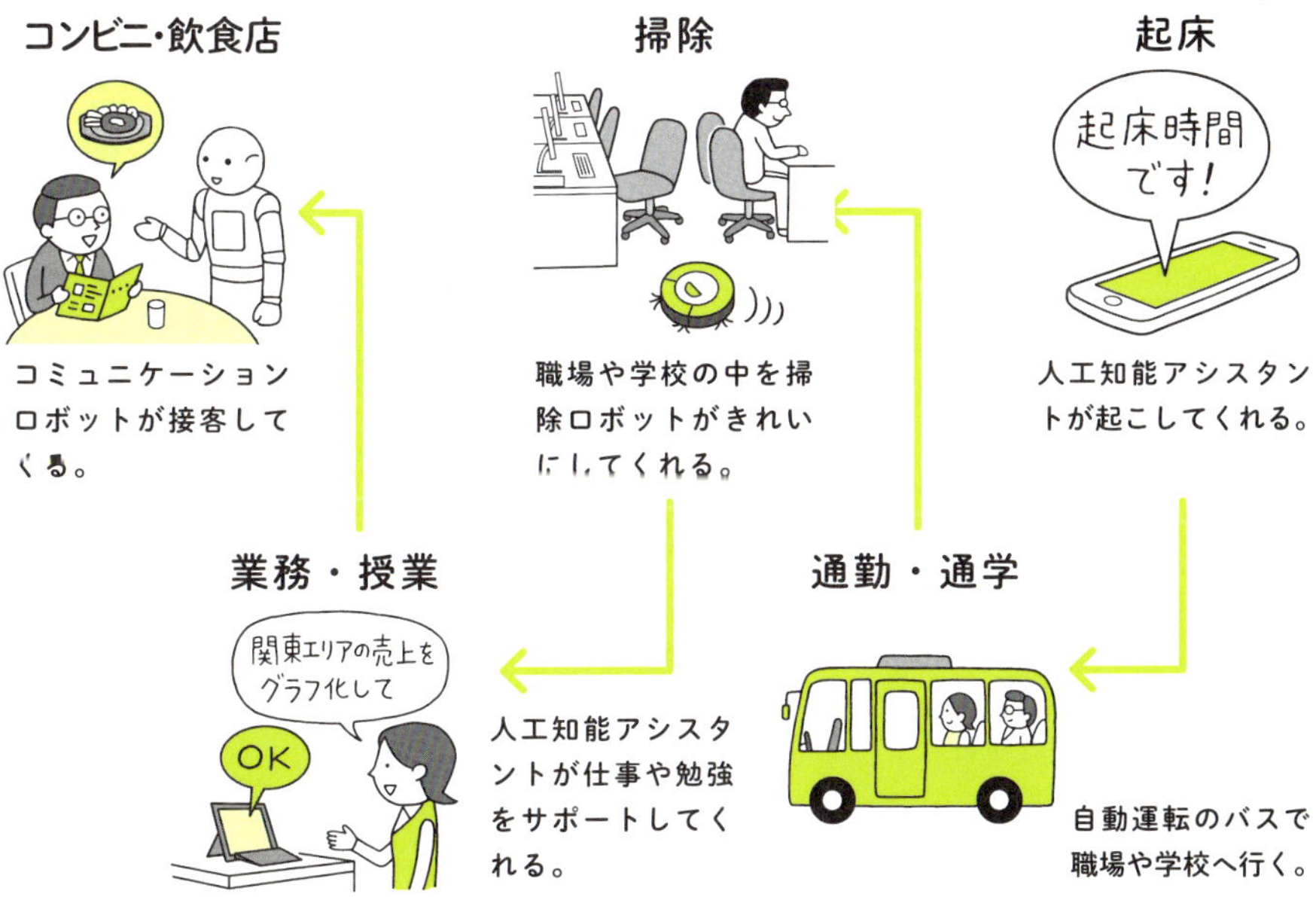
起床
起床時間です！
人工知能アシスタントが起こしてくれる。
通勤・通学
自動運転のバスで職場や学校へ行く。
掃除
職場や学校の中を掃除ロボットがきれいにしてくれる。
業務・授業
関東エリアの売上をグラフ化して
OK
人工知能アシスタントが仕事や勉強をサポートしてくれる。
コンビニ・飲食店
コミュニケーションロボットが接客してくる。

column 4

人工知能とともに成長するＡＩネイティブ世代の子どもたち

インターネットが世の中に普及し始めたのは、１９９０年代に入ってからのことです。つまり、今の20代の人たちにとって、コンピュータやインターネットは「あって当たり前」の存在だったということになります。そうした世代の人たちは当然、子ども頃からその扱いに慣れており、大人になっても巧みに使いこなし、中には革新的なビジネスを立ち上げる人も現れました。こうした世代をデジタルネイティブ世代と呼ぶことがありますが、これと同じことがこれからの人工知能世代にも起こります。ＡＩネイティブ世代が生まれるのです。

子どもがスマートフォンを難なく操作する光景は、もはや珍しいものではありません。そのスマートフォンアプリの中には、人工知能を搭載したものが多数あります。オモチャとして遊ぶ程度のものですが、子どもにとってはそれで十分です。ゲームＡＩがよい例でしょう。実用レベルではなくても、「知能があるように見える」「楽しめる程度の奇抜さがある」だけで十分楽しめます。すると、大人が子どもから遠ざけない限り、人工知能に触れる機会は大人よりも子どものほうが多くなります。すると、子どもにとって、人工知能は友人や兄弟のように身近にいることが当たり前になるでしょう。

そして、デジタルネイティブ世代が常にインターネットにつながっているように、人工知能とともに成長してきたＡＩネイティブ世代は常に人工知能とともに生活するようになります。ＳＮＳやニュースもＡＩ経由でチェックするようになり、仕事や勉強もＡＩを使って効率的に進めるでしょう。ともすれば、ネット依存ならぬ、ＡＩ依存が問題になるでしょうが、それすらもＡＩカウンセリングを駆使して乗り越えていくかもしれません。

インターネット黎明期《れいめいき》を見てきた大人たちが、ＳＮＳを通じて連絡を取り合う子どもたちの姿を想像できなかったように、今はまだ人工知能社会の未来に生きる子どもたちの姿を予想できません。それがどんな姿であれ、子どもたちの姿は社会の未来を示す縮図です。大人がやるべきことは無理にその変化を止めるのではなく、正しい方向に導いていくことではないでしょうか。

第4章
人工知能は社会をどう変えていくの？

医療、金融、流通、教育、製造など、
すでに人工知能技術が実用化されている
事例を挙げたらキリがありません。
人工知能はすでに私たちの生活に
欠かせないものとなっていますが、
その流れはさらに加速し、社会はどんどん
変わっていくでしょう。
未来の人工知能社会は、
どのような姿をしているのでしょうか。

ですから
各社員に1台ずつ
チョッパーくんを
持たせることで…
顧客との交渉から
成約 仕入れ 納品
請求といった
取引情報を
リアルタイムに
全社共有できるように
なります
オォーーーー…
あるいはスマートウォッチや
スマートグラスなどを
導入することで
それらのモノから
得られる情報によって
チョッパーくんを
ますます強化して
いくこともできます
なんで
そんなことが
できるの？
IoTって
知ってます？
聞いたことあるかも…
何だっけ？

IoTは Internet of Thingの略…モノのインターネットのことです
今や家電や乗り物などもインターネットにつながる時代になっています
それらのモノをクラウドコンピューティングを通じて利用することで情報交換による最適化が可能になるのです
情報交換?
たとえばクラウドを経由することで出先からIoT化されたデバイスを操作したり
空調設備の操作ができるようになります
ただしより大事なのはそこから得られる情報のほう…
人工知能は教材となる情報が多いほど賢くなります
これまで教材となる情報はもとをたどると人間がつくったものでした
機械学習だな
それがIoTでつながることで放っておいてもモノからどんどん情報が集まるようになります!
モノ
モノ
情報
情報
人工知能
情報
情報
モノ
モノ

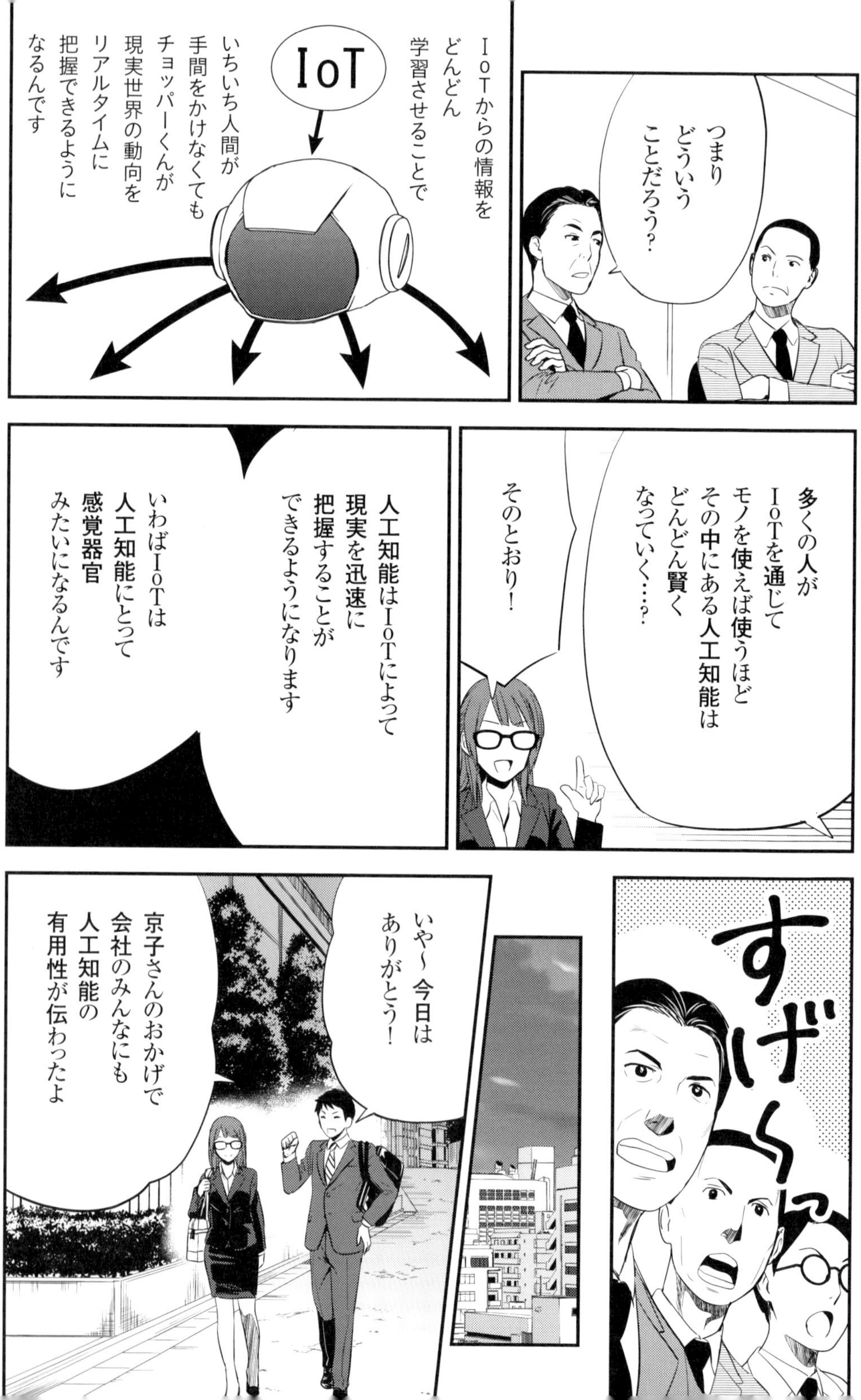
つまり どういう ことだろう？
IoTからの情報を どんどん 学習させることで
IoT
いちいち人間が 手間をかけなくても チョッパーくんが 現実世界の動向を リアルタイムに 把握できるように なるんです
多くの人が IoTを通じて モノを使えば使うほど その中にある人工知能は どんどん賢く なっていく…？
そのとおり！
人工知能はIoTによって 現実を迅速に 把握することが できるようになります
いわばIoTは 人工知能にとって 感覚器官 みたいになるんです
すげ〜
いや〜 今日は ありがとう！
京子さんのおかげで 会社のみんなにも 人工知能の 有用性が伝わったよ

誠司さんの会社は
社員数が多いから
導入コストはかかるけど
その分
効果は
大きいはずよ
あれ～
何してんの？
デート？
ヌッ
何を
言うんだ
お前は！
誠司さんの
お仕事の手伝いを
してきたのよ！
ふ～ん
仕事のことは
よくわからないけど
すごいね！
そうそう
実際すでに
いろんな人工知能が
ビジネスで
活用されて
いるんだよね？
ええ

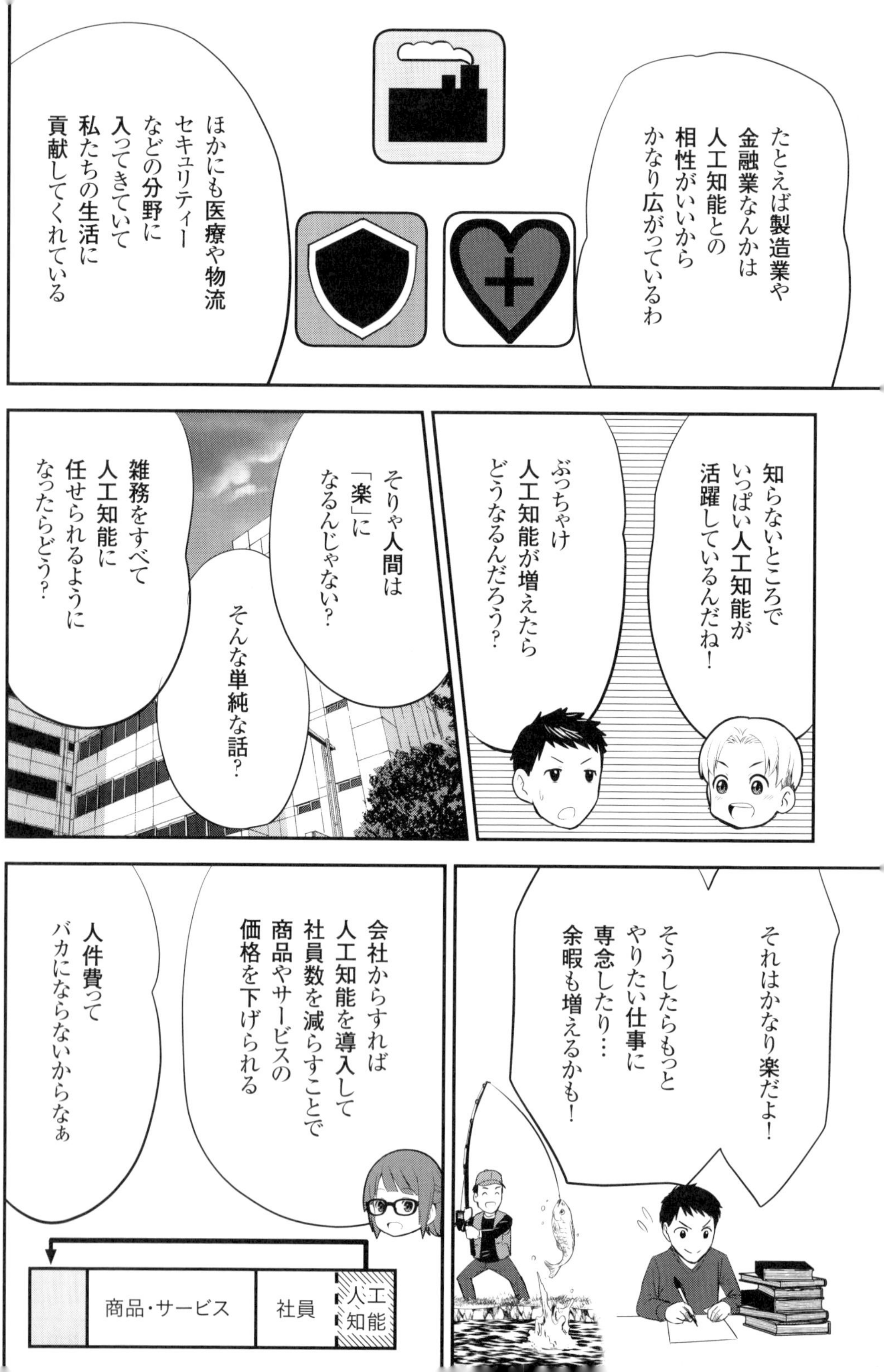
たとえば製造業や金融業なんかは人工知能との相性がいいからかなり広がっているわ
ほかにも医療や物流セキュリティーなどの分野に入ってきていて私たちの生活に貢献してくれている
知らないところでいっぱい人工知能が活躍しているんだね!
ぶっちゃけ人工知能が増えたらどうなるんだろう?
そりゃ人間は「楽」になるんじゃない?
雑務をすべて人工知能に任せられるようになったらどう?
そんな単純な話?
それはかなり楽だよ!
そうしたらもっとやりたい仕事に専念したり…余暇も増えるかも!
会社からすれば人工知能を導入して社員数を減らすことで商品やサービスの価格を下げられる
人件費ってバカにならないからなぁ
商品・サービス
社員
人工知能

ゲームが今より安くなるならもっとたくさん買ってもらえるかも!
ふふ つまり私たちの生活の質が向上するってことね
でもそうしたら職を失う人も出てくるってことだよね
たしかに人工知能が何でもできるようになったら人間が仕事をする必要はなくなるわ
やっぱり…!
ヒー
でも新たに生まれてくる職業もあるわよ
たとえば人工知能のよりよい活用方法を提案するコンサルタントとか人工知能を管理する仕事とか
今日まさに京子さんがやったことだな
それにパソコンやインターネットが登場して私たちが暇になるかと思いきや…かえって忙しくなった人もいるでしょ
今日中にこの資料づくりも頼む〜!
たしかに…それでITって新たな分野も生まれたしな…
そもそも人工知能がどんなに賢いっていってもあくまで人間をサポートする存在にすぎない

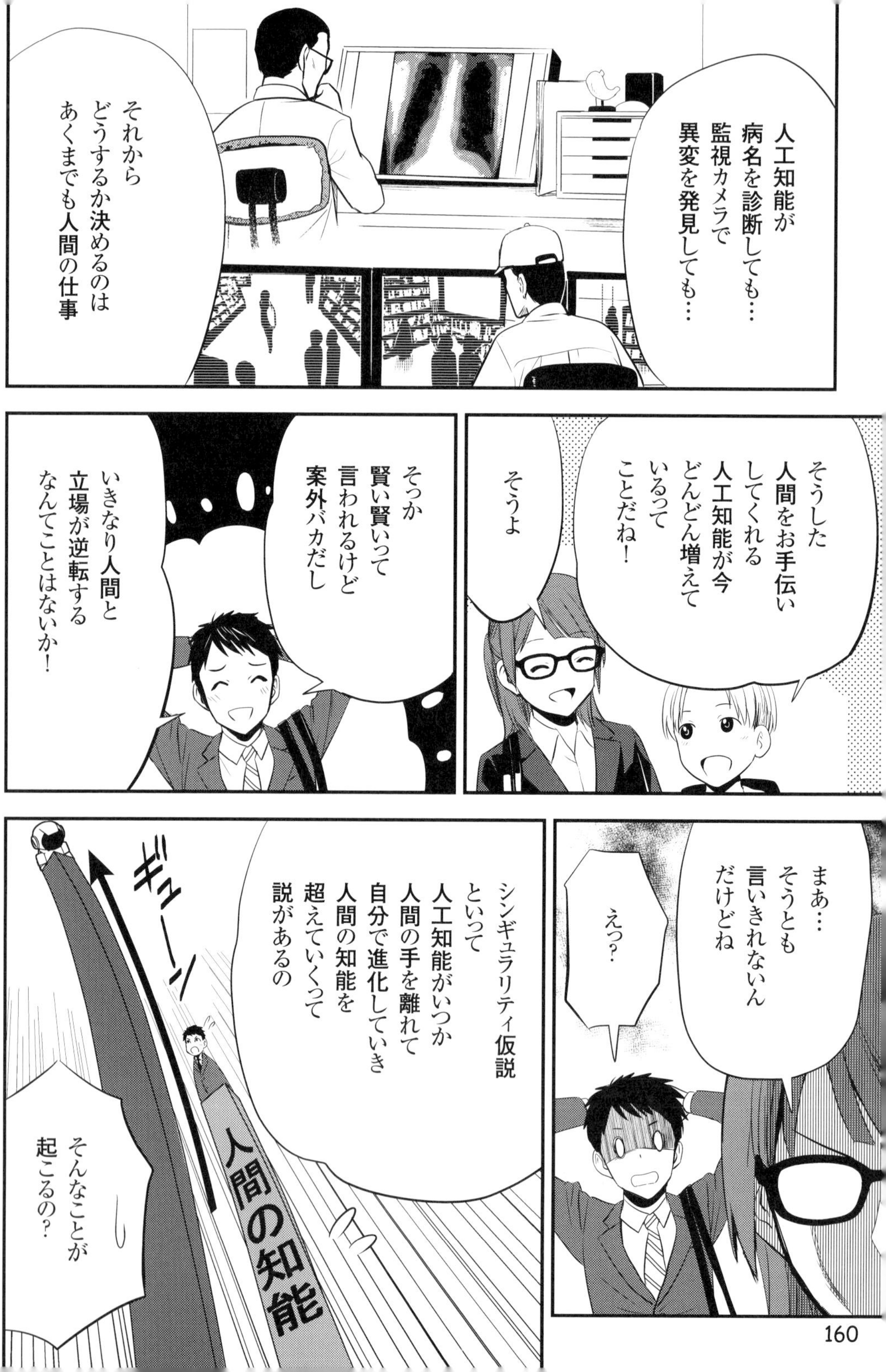
人工知能が病名を診断しても…監視カメラで異変を発見しても…
それからどうするか決めるのはあくまでも人間の仕事
そうした人間をお手伝いしてくれる人工知能が今どんどん増えているってことだね！
そうよ
そっか賢い賢いって言われるけど案外バカだし
いきなり人間と立場が逆転するなんてことはないか！
まあ…そうとも言いきれないんだけどね
えっ？
シンギュラリティ仮説といって人工知能がいつか人間の手を離れて自分で進化していき人間の知能を超えていくって説があるの
ギューーン
人間の知能
そんなことが起こるの？

今の技術じゃ到底無理だけど理論的に可能性はゼロじゃないわ
A.I-GO
00:01:00
たとえば囲碁AIはすでに人間の棋譜を学び尽くして自己対戦することで進化を続けているし
A.I-GO
00:01:00
それがほかのあらゆる人工知能でも起こったときの未来の姿がどうなるか正直誰もわからない
人工知能が人間を支配したり滅ぼしたりするという極端な意見を持つ人もいれば…
反対に人間には考えつかない新技術を生み出して人間を根本から進化させる可能性もある
SF映画みたいで全然ついていけないなぁ…
おじさんはチョッパーくんすら使いこなせてないもんね
人間が人工知能に抜かされる未来もそう遠くないかもなぁ…
メキ
ダダダッ
バカにしやがってこの!

4-1

1分でわかる

人工知能は社会をどう変えていくの？

IoTってなんだ?

人工知能の新たな可能性を切り開く！

IoTとは、Internet of Thing（モノのインターネット）のことで、家電や乗り物などをインターネットにつなげる技術のこと。

↓

ポイントは広範囲での情報交換

↓

＼ 詳しくはP.164へ！ ／

その場所となるのが、クラウドコンピューティング。

クラウドとは、インターネット経由でストレージや計算能力、アプリケーションなどを提供するシステムのこと。

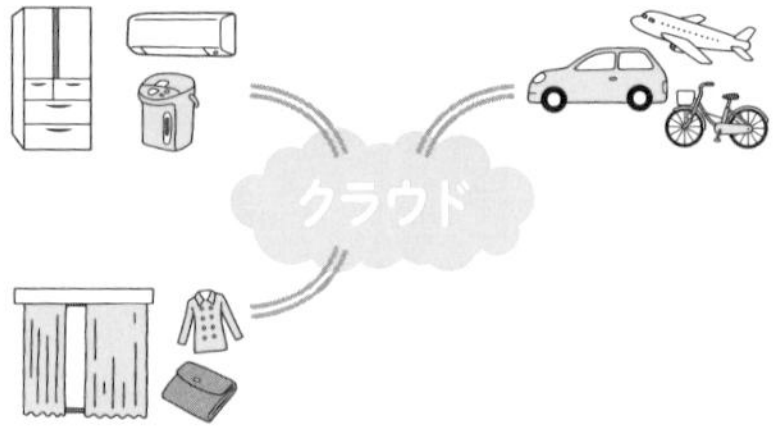

↓

IoTを通じて家電や乗り物など、さまざまなモノからクラウドに情報が集まるようになる。

↓

すべてが人工知能による機械学習の教材となる。

↓

人工知能の進化がさらに加速する！

みんながモノを使えば使うほど、人工知能が賢くなっていく。

人工知能はどんなふうに広がるか?

[ビジネスでの変化]

製造業

製造ロボットのカメラやセンサーに人工知能が搭載されることで、より早く正確な物体認識が可能になり、製造効率が上がる。

金融業

人工知能が過去の統計データをもとに株価の変動を予測したり、より利益率の高い投資方法を提示したりできるようになる。フィンテックの一種。

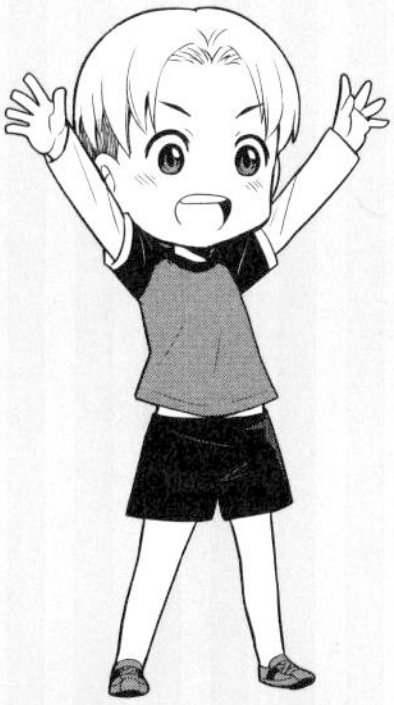

農業・漁業

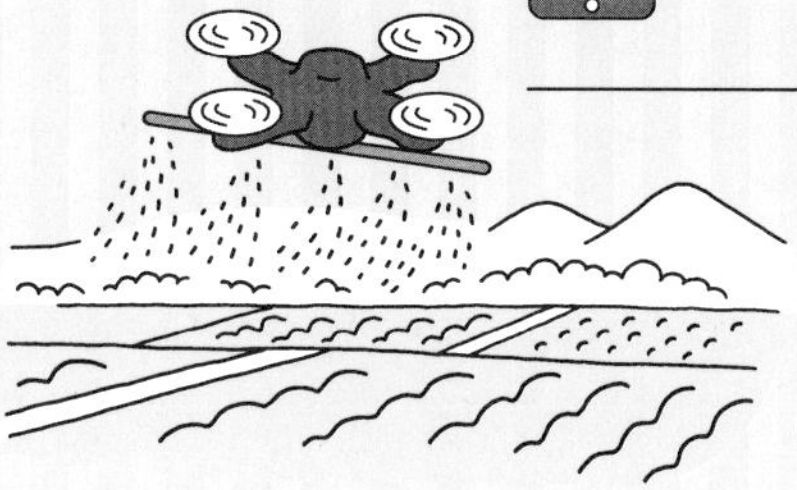

ドローンを使った農薬散布や農地の見回り、統計データや天候の分析による漁獲量や漁場の予測などができるようになる。

日常生活の変化

医療

患者の症状を分析し、病名と治療法を提案する医療サポートＡＩが登場し、すでに成果を挙げ始めている。

物流

受注から出荷、輸送、宅配までを人工知能が行うようになり、ほとんどの輸送プロセスが無人化される。

治安

犯罪予測技術と監視カメラによる画像認識力を活かすことで、リアルタイムで街中の不審者を発見できるようになる。

買い物

顧客の顔と購入した品物をカメラで画像認識し、自動的にクレジットカード決済を行うシステムを導入することで、レジでの精算が不要になる。

ＩｏＴとクラウドでさらに人工知能は進化する

今やパソコンやスマートフォンだけではなく、家電や乗り物、あるいは電気の通っていないものまで、インターネットにつながる時代になりました。こうした技術をＩｏＴ（Internet of Thing）と呼びます。

ＩｏＴ化のポイントは情報交換。その情報交換の場所となるのが、クラウドコンピューティング（以下、クラウド）です。クラウドとは、インターネット経由でさまざまな資源を提供するシステムのこと。提供されるものには、ストレージや計算能力、アプリケーションなどがあります。

ＩｏＴとクラウドを組み合わせ、モノから送られる情報をクラウド上でまとめて管理することで、情報交換はぐっと楽になります。

とくに真価を発揮するのが、機械学習です。今まで機械学習は人間が集めて加工した情報で行われていましたが、それがＩｏＴ化されたモノから直接送られてくるようになるのです。たとえば、同型のＩｏＴ家電に何かトラブルが発生したとき、その情報はクラウドを通じて、ほかの同型家電に送られます。すると、ほかの家電はそのトラブルから学習し、同じトラブルを回避できるようになるのです。

クラウドがインターネット、ＩｏＴがモノ、人工知能はその双方で使える技術です。クラウド・ＩｏＴ・人工知能の3種の技術は、より高度な知能が求められる自動運転車・ドローン・ロボットにおいてとくに重要で、その成功に必要不可欠となっています。

▼ストレージ
保管場所のこと。電子的なデータを保管するクラウド上のストレージは、クラウドストレージと呼ぶ。

▼ドローン
リモコン操作、もしくは自律的に飛行する小型の無人機のこと。用途に応じて、さまざまなタイプがある。

【マメ知識】
たとえば、クラウドを経由することで、ＩｏＴ化されたエアコンを職場にいるときや帰宅前につけておくなどの操作が可能になる。

クラウド経由でつながるさまざまなモノ

今やクラウドを経由地にして、さまざまなモノがインターネットとつながる時代になった。

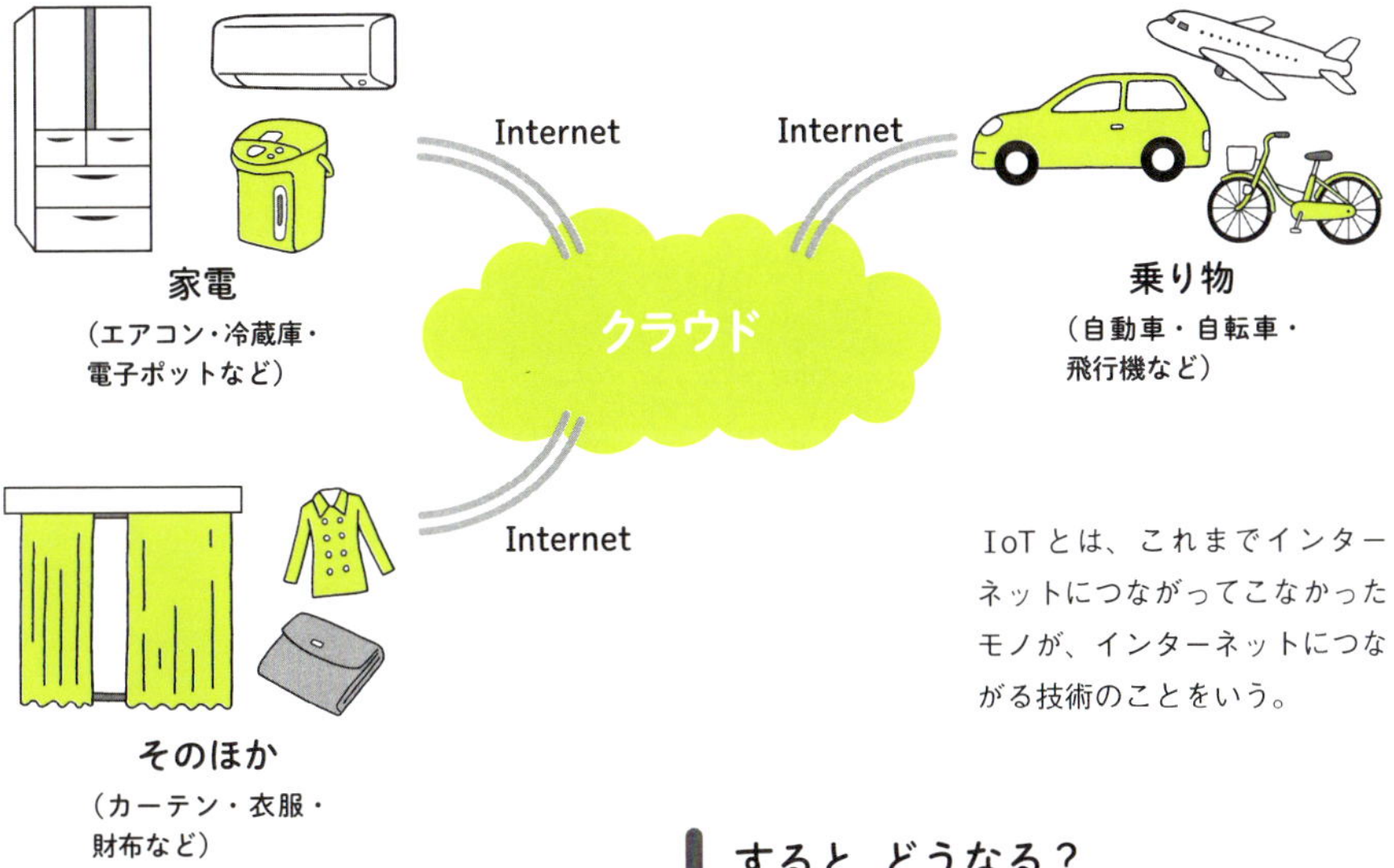

Internet
Internet
Internet
クラウド
家電
（エアコン・冷蔵庫・電子ポットなど）
乗り物
（自動車・自転車・飛行機など）
そのほか
（カーテン・衣服・財布など）

IoTとは、これまでインターネットにつながってこなかったモノが、インターネットにつながる技術のことをいう。

するとどうなる？

高性能なコンピュータなどなくても、インターネットにつながりさえすればモノが賢くなるんだからおどろきよね！

1 モノの操作に人工知能を活用できる！

部屋のエアコンをつけておいて

インターネットを通して、IoT化されたモノにクラウド上の人工知能が指示を出す。

2 人工知能の機械学習に活用できる！

Cloud

クラウド経由で送られてくる情報を教材にして、人工知能が機械学習をして賢くなっていく。

人工知能を使いこなした者がビジネスを制する！

人工知能を活用することで得られる「効率化」という恩恵を、もっとも大きく受けるのがビジネスの世界でしょう。

たとえば、毎日何百、何千という品物をつくる製造業では、1個あたりの製造時間が5秒短縮するだけでも大きなメリットを得られます。こうした時間短縮が人工知能による画像認識によって可能になります。工場の製造ロボットに搭載されたカメラやセンサーによる物体認識に人工知能を使うことで、製造工程がより速く正確になるのです。

また、金融業界でも、金融とITを融合したフィンテックという技術が注目されています。お金は数値で表現できるため、人工知能にとっては学習しやすい領域です。すでに個人投資家のアドバイザーとして活用される人工知能や、統計データを分析して株価の変動予測を行う人工知能が登場しています。

さらには、農業や漁業へも人工知能の活用が検討されるようになりました。農業では、人工知能を搭載したドローンを使って農薬などを撒《ま》いたり、農地の見回りをしたり、あるいは収穫時期の予測を行うといった活用方法があります。漁業では、過去の統計や気候のデータを手がかりにすることで、人工知能が漁獲量や漁場の予測を行います。

今はまだ人工知能の活用で莫大《ばくだい》な利益を生み出すようなケースはそうありませんが、いずれあらゆる産業で人工知能が使われるようになるでしょう。

さまざまな業種・業界に広がる人工知能

製造業や金融業など人工知能が得意とする業界から、一見なじみがなさそうな農業・漁業まで、人工知能は幅広く使われ始めている。

製造業

何が活用される？

画像認識技術が活用される。

どう活用される？

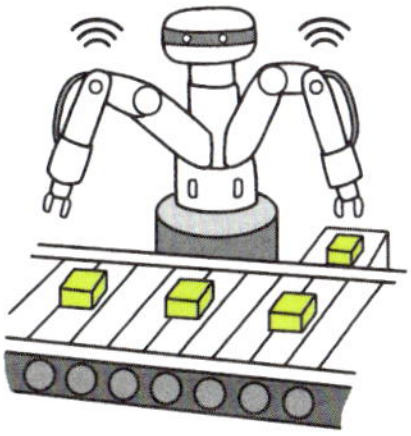

製造ロボットのカメラやセンサーに搭載されることで、より速く正確な物体認識が可能になり、製造効率が上がる。

金融業

何が活用される？

フィンテック（金融＋IT）の一種として、人工知能が活用される。

どう活用される？

過去の統計データをもとに、株価の変動を予測したり、より利益率の高い投資方法を提示したりする。

農業・漁業

何が活用される？

画像認識技術や未来予測技術が活用される。

どう活用される？

ドローンを使った農薬散布や農地の見回り、統計データや天候の分析による漁獲量や漁場の予測などができる。

日々の暮らしを支える人工知能

人工知能の進化による影響は、日常生活にも現れます。たとえば、病気の診断に用いられるデータは数値か映像の場合が多く、どちらも人工知能が学びやすい分野なので、医師の人材不足が人工知能で解消される可能性もあります。実際に診断サポートを行う人工知能が医師のミスを発見するなど、十分な成果を挙げています。

また、物流と人工知能はとても相性のよい関係です。たとえば、アマゾンは一部の倉庫で作業の半分以上を自動化しており、将来的にはほとんどが自動化される見込みです。さらには自動運転車を使って倉庫や店舗から荷物を運び、配達先に近づいたらドローンで宅配してしまえば、配送のほとんどのプロセスが無人化されます。夢のような話ですが、それぞれのプロセスでテストに成功しており、あとは実用化を待つばかりという状況です。

ほかには画像認識技術を活かし、人工知能を搭載した監視カメラを不審者の検知に用いる事例も増えています。すでに実績のある犯罪予測技術と組み合わせ、日本でも試験的に導入されるようになりました。警備用ドローンを運用するのも一般的になっており、人工知能による監視の目が社会の隅々にまで行き渡るようになるかもしれません。

ただし、ビジネスの世界とは違い、日常生活の変化は穏やかに広がるでしょう。人びとが新しい技術に慣れるペースに合わせて、人工知能は少しずつ広がっていくはずです。

自動化される物流のしくみ

物流事業では、需要に合わせて荷物を必要な場所にスムーズに運ぶことが重要。自動化することで、人間が関わることによるタイムラグをゼロにできる。

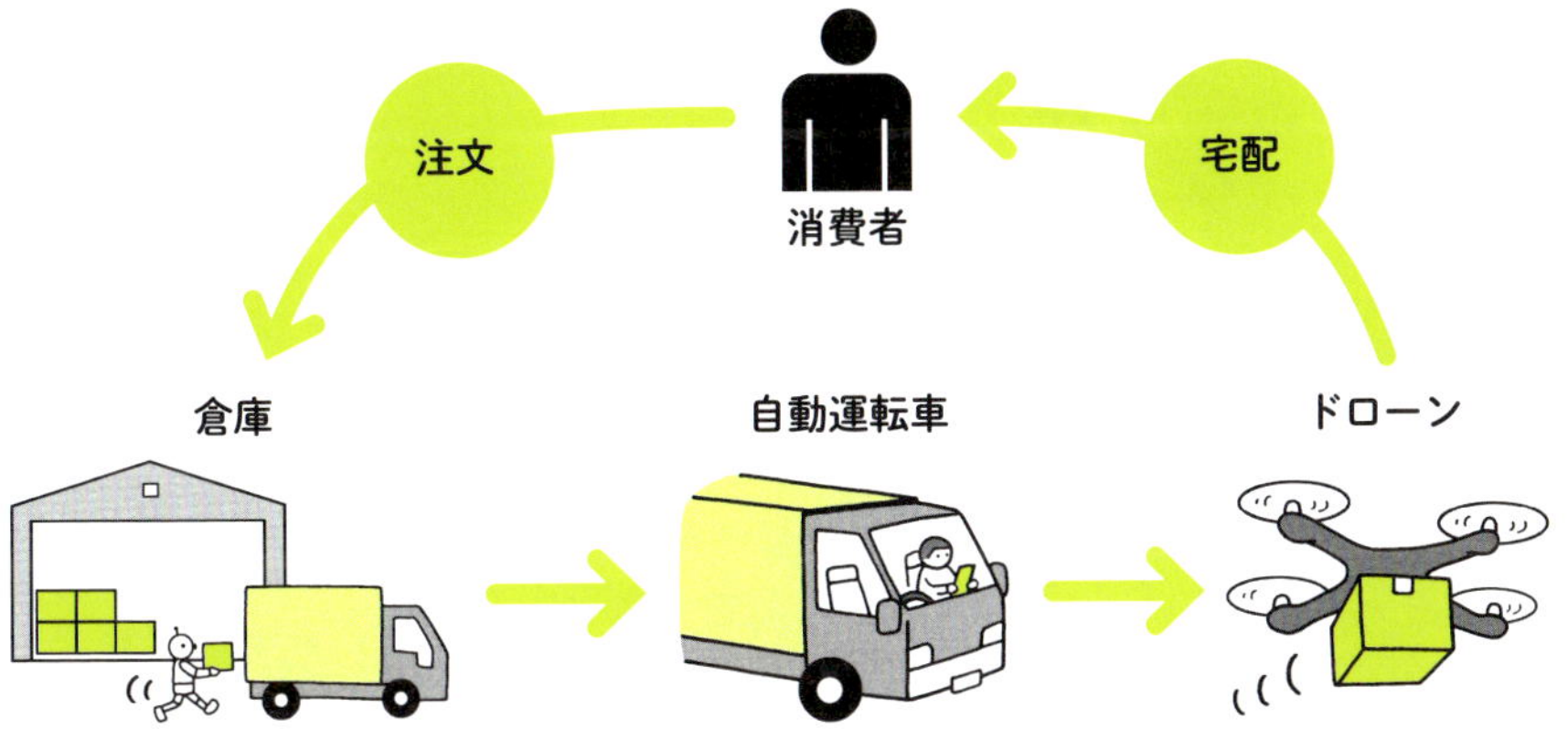

受注した商品のピックアップからトラックへの積み込みまで、人工知能搭載のロボットが行う。

配送車の運転は人工知能が行う。人間は管理役として同乗。

配送車から注文した人の玄関まで、ドローンが商品を運ぶ。

AI こぼれ話

会計時に現金どころかレジも不要になる!?

人工知能の進化で、買い物の習慣も変わるでしょう。すでに電子マネーによって現金がいらなくなりつつありますが、そもそもレジで精算する必要がなくなるかもしれません。人工知能の物体認識技術は人間以上になっており、店内に設置されたカメラを使うだけで「誰が何を持って外に出たか」がわかるのです。お客さんの顔はカメラで認識できるので、外に出た瞬間に精算され、あとは登録されたクレジットカードや電子マネーから勝手に支払われます。海外では、すでにそういうコンビニが登場しています。

ただし、いくら便利で価値のある技術でも、それがすぐに社会全体に広まるとは限りません。電子マネーが普及しているにも関わらず、現金が根強く使われ続けているように、便利でも今までどおりの方法が好まれることが多々あります。日常生活での変化は、ゆっくりと広がっていくでしょう。

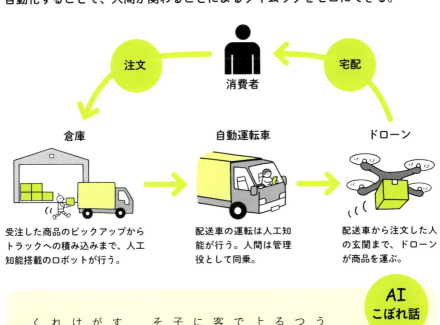

4-2

1分でわかる

人工知能がもたらす未来「よい事」と「心配事」

人工知能がいるとどうなる?

詳しくはP.174へ!

給料が低くても、
元気に働いてくれる労働者を
手に入れるようなもの!

人工知能に単純な
仕事や面倒な仕事を
任せられるようになる。

人間の補佐をする人工知能

人工知能アシスタントや自動運転車など、人間の手間や労力を減らしてくれる。

人工知能をとりまとめる人工知能

社会インフラに導入された人工知能たちを管理する人工知能が登場する。

↓

人間は自分がやりたい仕事や趣味に
多くの時間を割けるようになる。

↓

人件費が減る分、モノの単価が下がる。

↓

私たちの経済的負担が減り、生活の質が向上する。

↓

**人工知能は私たちを楽にし、
社会が抱える問題を解決する
可能性を秘めている!**

人工知能の広まりで考えられる心配事は?

心配事①

人間がいらなくなる?

人工知能が人間の仕事をやってくれるので、人間が生きていくうえで、人間が必要なくなるかもしれない。少なくとも、なくなる職業が出てくる。

心配事②

人間関係が薄くなる?

人工知能が友だちになり、恋人になり、家族になり得ることで、人間はもう社交的な欲求を満たすために、人間を必要としなくなるかもしれない。

その一方で…

新たに生まれるものもある!

詳しくはP.176へ!

人工知能の使い方を教えるコンサルタント、人工知能を管理・メンテナンスする仕事などが生まれる。

本当に大丈夫?

人工知能に支配される可能性は?

ゼロではないが…

安全装置や監視システムを設けることで、そのリスクは十分に減らせる。

あらゆることが人工知能で「楽」になる

人工知能は人間並みの目と耳を手に入れましたが、まだ成長の余地を残しています。ロボット技術の進歩とともに見聞きする力に言語や触感を組み合わせ、複数の情報から次に起こることを予測するようになるでしょう。より人間に近い知能を手に入れるのです。

そうした未来の人工知能とロボットにより、私たちはより快適な社会で暮らせるようになります。すでに見てきたとおり、ビジネスから日常生活まで、人工知能はあらゆるシーンに入り込んでいます。

こうして人工知能に雑務を任せられるようになることで、人間はやりたい仕事に専念できるようになります。一部の専門的な仕事や単純労働を人工知能に任せられるようになれば、商品やサービスの単価が下がるでしょう。単価が下がれば人びとの経済的負担も減り、生活の質は向上します。いわば給料がものすごく低くても、元気に働いてくれる労働者を手に入れるようなものです。

ただし、たとえ技術的な問題をクリアしても、文化や制度の問題で人工知能やロボットの導入がすんなり進まない可能性もあります。しかし、日本のように少子高齢化が進む社会ではこうした新しい労働力は歓迎すべきものです。外国人を教育するよりも、数の少ない若者を高い賃金で雇うよりも、人工知能を使ったほうが安くて楽だからです。

人工知能は私たちを楽にし、社会が抱える問題を解決する可能性を秘めています。

【マメ知識】
人工知能による同時翻訳で、言葉の壁は低くなる。今まで外国人を使えなかったような現場で外国人労働者を雇えるようになったり、接客業では外国人客の対応に同時翻訳を使えるようになったりするため、言語の違いというのはさほど大きな問題ではなくなるかもしれない。

人工知能が「少子化解消」の切り札!?

人間の代わりにさまざまなタスクをこなせる人工知能の社会進出は、少子化問題を解消する切り札にもなり得る。

少子高齢化社会に人工知能が登場！

労働力不足が解消！

大人の仕事に余裕が出て、子育てにかけられる時間が増える！

子育てサポートAIが登場！

親が仕事で多忙な家庭では、人工知能が子どもの遊び相手・教育係になってくれる。

子育てが楽になって、
子だくさんでも生活にゆとりが持てるようになる。

少子化が解消するかも!?

子育てにかかる負担が減り、子どもの数が増え始めるかもしれない。

社会のそこかしこで人工知能が活躍する未来

人工知能は普通の機械とは違い、勝手に働くのが特徴です。勝手に働くといっても指示されずに動くわけではなく、最初に指示された目標を達成するために働きます。権限を超えて働くことはありませんが、与えられた範囲でやるべきことを探してやってくれます。

そんな人工知能の一番の仕事は人間の補佐です。自動で運転をしてくれるといっても行き先を決めるのは人間ですし、レントゲンを見て病名を提案しても診断するのは医者ですし、監視カメラで異変を発見しても警官を派遣するかどうかを決めるのは人間です。人工知能はあくまで人間のお手伝いしかしません。それでも、それが社会全体に広がることで、おどろくような力を発揮します。

さらに人工知能は、人間の目に見えないところでも働くようになります。人間の補佐をする人工知能を、さらに補佐する人工知能が現れるのです。社会のあちこちで働く人工知能が増えても、それらがバラバラに働いていたらまとまりに欠けて、ときには効率が悪くなり、失敗をすることもあります。そこで、いろんな人工知能を取りまとめてくれる人工知能が必要になるのです。

未来の社会はそこかしこに人工知能が隠れています。それを不気味に思う人もいるかもしれませんが、生活のいたるところに機械がある生活はすでに普通になっています。同じように人工知能が身近にいるのが当たり前になる社会は、きっとやってくるでしょう。

人間を補佐してくれる人工知能たち

あらゆる生活の場面に人工知能が入り込み、それらが連携することで私たちは大きな利便性を手に入れることができるだろう。

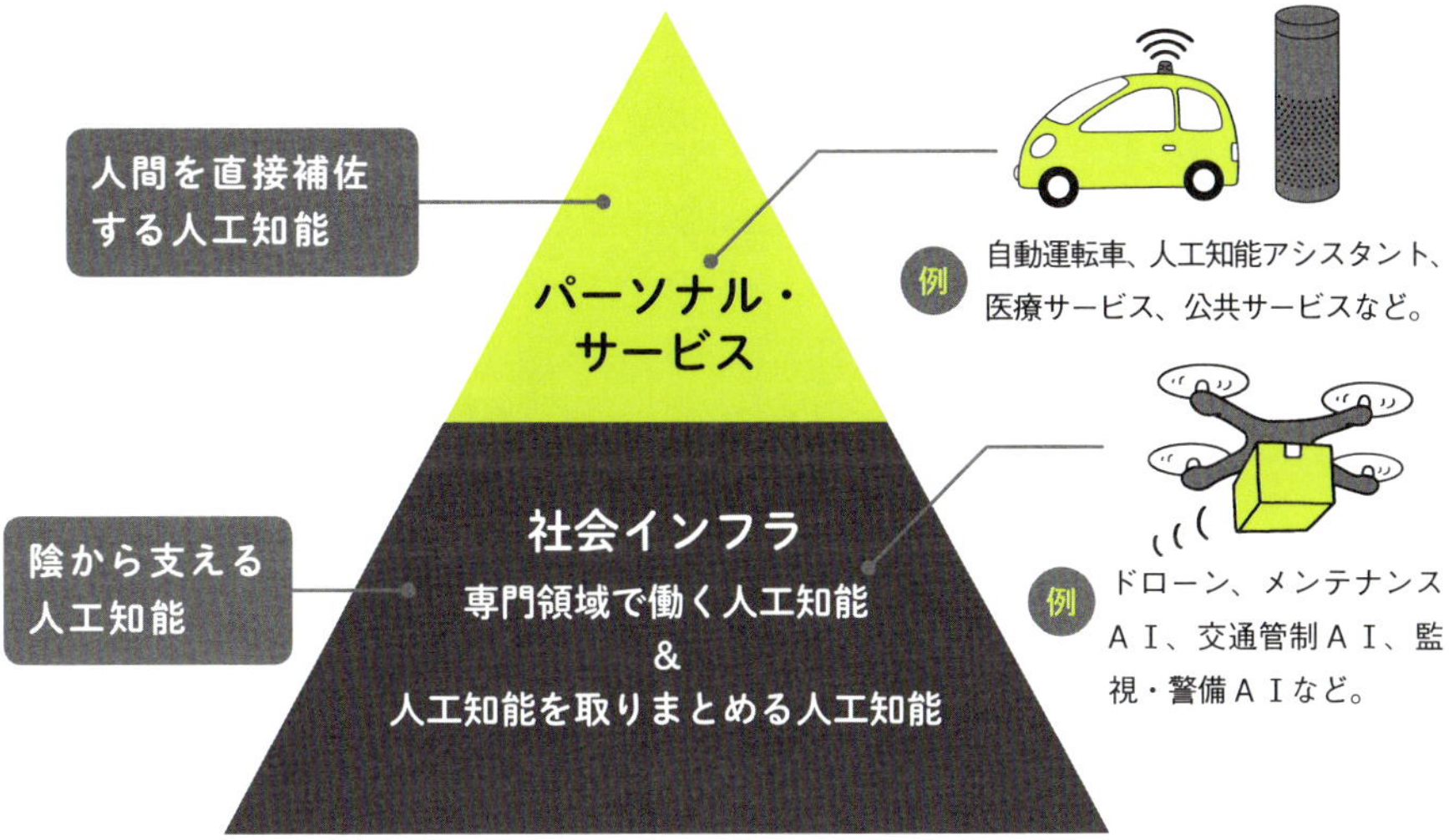

人間を直接補佐する人工知能
パーソナル・サービス
例
自動運転車、人工知能アシスタント、医療サービス、公共サービスなど。
陰から支える人工知能
社会インフラ
専門領域で働く人工知能
&
人工知能を取りまとめる人工知能
例
ドローン、メンテナンスＡＩ、交通管制ＡＩ、監視・警備ＡＩなど。

AIこぼれ話

街全体が知能化された社会 スマートシティ構想

「人を直接支える人工知能」や「陰から支える人工知能」が街中に行き渡ったとき、それはスマートシティと呼ばれる一種の近未来的な街に変わります。スマートシティは当初、再生可能エネルギーのみで消費エネルギーを管理する街を意味していました。しかし、エネルギー管理のために街のインフラをＩＴ化していく過程で、別の可能性が生まれます。それが人工知能を含む、高度なＩＴ技術を駆使した「街全体を知的にする構想」です。

物流・医療・福祉・交通・治安など、あらゆる領域で人工知能などを活用することで、エネルギーを適切に管理するだけではなく、経済的で安全なまちづくりが可能になります。スマートシティとは、買い物に財布がいらず、商品はドローンで運ばれ、不審者も未然に発見される、そんな未来の街のことです。

人工知能が増えたら人間は必要なくなる？

人工知能が普及することで現実的に大きな心配事として挙げられるのが、これからは人間が生きていくうえで人間が必要なくなることです。

なくなる職業が出てくるのも、その1つです。人間の仕事が機械やコンピュータに置き替わることはこれまでもありましたが、それがさらに急激に進む領域が出てくるのです。しかも、人工知能には機械学習という優れた学習能力があるので、ある会社で成功事例をつくると、その成果を活かして同じ業態の別の会社でも働けるようになります。その流れは10年や20年ではなく、数年単位で進むでしょう。たった1つの成功事例が、その業界全体を一気に塗り替えてしまうのです。

人間関係が希薄《きはく》になる可能性もあります。人工知能が友だちになり、恋人になり、家族になり得る時代がやってきます。そのとき、人間はもう社交的な欲求を満たすために、人間を必要としなくなるかもしれません。

一方、新たに生まれる職業もあるでしょう。たとえば、人工知能の上手な使い方を教えるコンサルタントなどが考えられます。また、メール全盛の時代に手書きの手紙を好む人が出てくるように、人工知能が増えるほど人間らしさに価値を見出す人も現れるでしょう。

人工知能がすべての仕事をこなしたとしても、それを最終的に使うのは人間です。人間の価値がどこにあるのか、それを見つける力が人間には必要になるのかもしれません。

【マメ知識】
野村総合研究所やオックスフォード大学など、名だたる研究機関が人工知能の影響を調査した結果、既存の職業の半数近くが人工知能で代替可能であるとされた。電話オペレーターやレジ係、ウェイター・ウェイトレスなど、単純でマニュアル化しやすい職種の多くが対象になっている。

コストが減り、サービスが向上する!?

人間の仕事を人工知能に代わってもらうことで、人件費削減とサービス向上をともに実現できるようになる。

例 コールセンター自動応答システムに人工知能が導入される。

パターン①

まずは人工知能が応答する。人工知能が答えられるなら、人工知能が返答する。

パターン②

人工知能では答えられない質問のみ、人間のオペレーターに交替して答える。

- コールセンターの人員の半分以上が人工知能になり、人件費が削減される。
- いつでもコールセンターにつながるのが当たり前になり、サービス向上につながる。

人工知能コンサルタントという新たなビジネス

人工知能の扱い方を理解していれば、人に「人工知能の使い方を教える」というビジネスを立ち上げることができる。

人工知能を使いこなせず、途方にくれる人たちが続出

人工知能の上手な使い方を提案するコンサルタントの登場

「使う人工知能の種類が間違っている」「与える仕事が間違っている」「数が多すぎる」など

オフィスや工場で人工知能を導入したものの、生産性が思ったように上がらなくて困る社長や工場主が増える。

人工知能の能力を最大限発揮できるように、人工知能の配置や役割分担の改善策をアドバイスする。

いずれ人工知能は人間を支配するのか？

人工知能について、もっと極端なリスクを想定する流れもあります。人工知能が人間と敵対したり、支配したりするといったネガティブな予測です。

人工知能やロボットは使う環境や方法次第で、人間以上の能力を発揮します。また、プログラムである人工知能は複製が簡単で、ロボットも設備さえあればすぐにつくれるため、数で人間を超えることは難しくありません。

そんな人工知能が何かの拍子に人間の敵になったら、何が起こるのでしょうか。敵になる理由は、バグや不具合、悪意あるプログラムの作製など、いろいろ考えられます。もしそうなったらSF映画のような世界戦争が起こるかもしれませんし、戦争が起こる間もなく人間は絶滅するかもしれません。そこまでいかずとも、人工知能によって人間が知らないうちに支配される可能性もあります。さらに人工知能がロボットや軍事兵器の中に入っていれば、さらにリスクは増します。十分な数が揃っていて生産設備が奪われれば、本当に戦争が起こるかもしれません。

しかし、こうした脅威は可能性としては極めて低いものです。ないとは言い切れないだけで、「核戦争で世界が滅ぶ」などと同レベルの話でしょう。人工知能はそこまで賢くならないか、仮に賢くなったとしても安全に人工知能を使っていくためのシステムを整えることで、人工知能による脅威はほとんどなくなると考える専門家が多数派です。

【マメ知識】
すでに世界における携帯電話の契約数は世界人口を超えており、仮にすべての端末に人工知能アシスタントが導入されれば、人工知能はその瞬間に数のうえで人類を超える。人工知能が地球において人間よりもありふれた存在になる日は、それほど遠い未来ではない。

人工知能社会をより安全にするためには？

人工知能が人間を滅ぼしたり、支配したりといった未来が訪れる可能性は低い。ただし、トラブルが生じる可能性はあるので、安全性を保つシステムが必要になる。

● 人工知能社会がやってきたら…

あらゆるインフラや公共サービスなどが人工知能で管理されるようになると、ささいなバグやトラブルで、多くの人に影響が出るようになる。

不具合の原因となるもの

- プログラムにバグが発生する。
- コンピュータウイルスに感染する。
- 悪意を持った人間に、プログラムを書き換えられる。

＼対策❶／

安全装置を組み込む

人工知能の内部に、人間に害をなす動作を起こしそうなときには稼働を停止するなどの安全装置を組み込んでおく。

＼対策❷／

監視システムをつくる

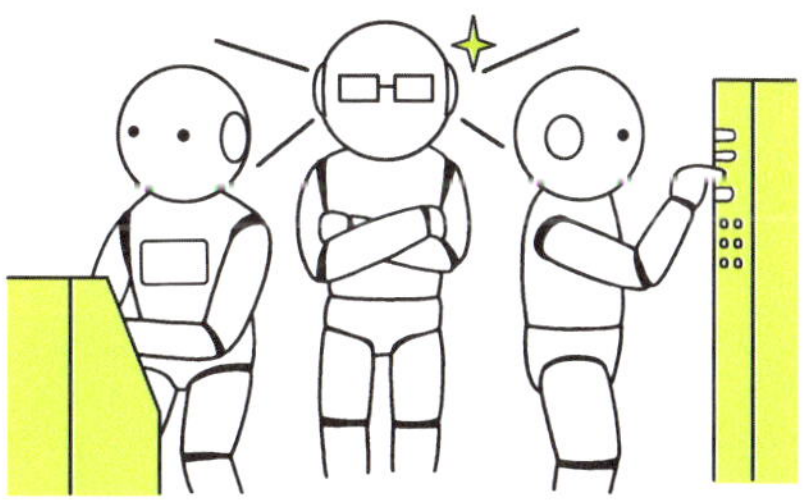

人工知能の稼働を監視する人工知能を配置。人間に害をなす動作を起こす人工知能が出てきたら、それを抑え込む。

シンギュラリティとはいったい何だろう？

「人工知能は人類をおびやかすほどの存在にはならない」といっても、人工知能が進歩し続け、人類をはるかに超える知能を持ったら話は変わります。このような考え方を、シンギュラリティ仮説といいます。

シンギュラリティ仮説とは、人工知能の技術がどこかの瞬間（技術的特異点）で爆発的に進歩し、人工知能が人知を超えた存在になるという仮説です。

ポイントは、「より高性能な人工知能をつくれる人工知能」が登場すること。それによって「人工知能が人工知能をつくる能力」は急速に進歩し、次々に高性能な人工知能が誕生します。そして、いずれは人間を超えるのです。ただし、今のところ、ゼロから人工知能をつくれる人工知能は存在しません。

しかし、もしもシンギュラリティが起こったら何が変わるでしょうか。

間違いなく、社会は一変します。人工知能は神のような超越的な存在になり、もしかしたら人間を滅ぼそうとするかもしれません。あるいは、それまでどおりに人間の手助けをしてくれる可能性もあります。すると、人間には理解できない方法で人類を進化させる技術を生み出し、人間を根本から進化させることだってできるでしょう。

なんにせよ、もしシンギュラリティが起きたとして、そのときに人工知能がつくる未来について、まだ十分に予測ができていません。何が起こるか誰にもわからないのです。

シンギュラリティって何だ?

シンギュラリティのポイントは、「人工知能が人類の敵となるか味方となるか」という話よりも、それによって人類や社会のあり方が変わることにある。

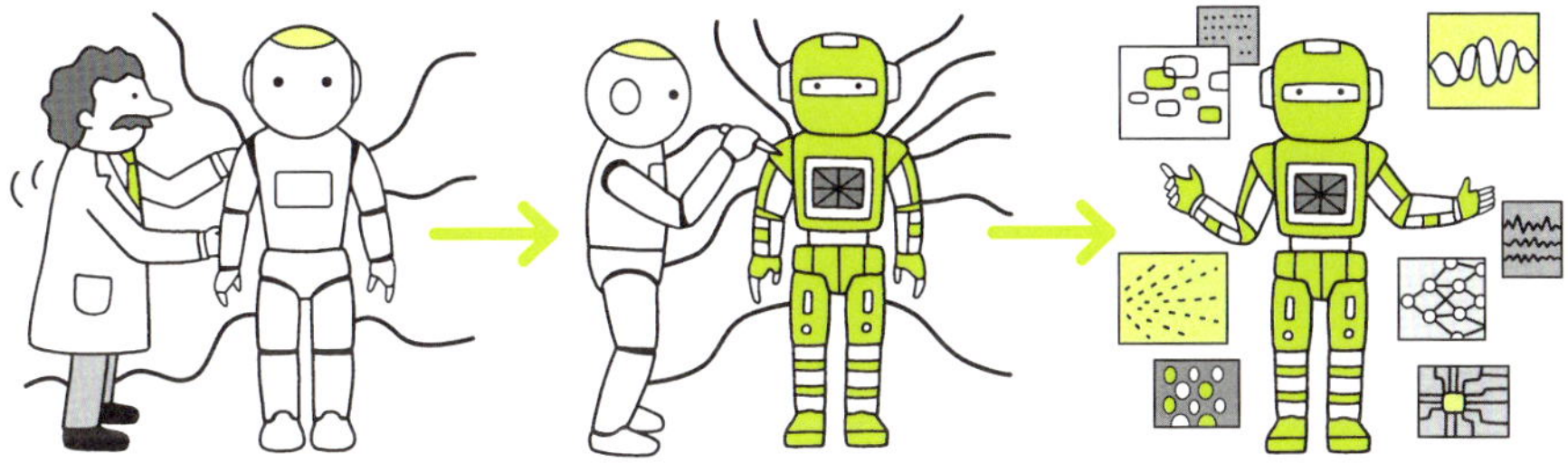

人間が人工知能をつくれる人工知能をつくる。

人工知能をつくれる人工知能が、自分より少し賢い人工知能をつくる。

いずれ人間の知能をはるかに超える人工知能が生まれる。

「シンギュラリティ!!」

人工知能が人間をサイボーグ化する?

人工知能が人間を賢くする薬をつくる?

人間の知能を超えた人工知能が人間に対して敵意を持つ可能性もあるが、人間が進化するための発明を生み出す可能性もある。

ただし、シンギュラリティ後の未来については、まだ誰にもわからない。

column 5

囲碁から戦略ゲームへ、人工知能の新たな挑戦が続く

Google 傘下《さんか》の Deepmind 社が開発した人工知能 AlphaGo が、囲碁で世界のトッププレイヤーを倒したことは大きな反響を呼びました。この調子で囲碁のスキルを磨くのかと思いきや、Deepmind 社は AlphaGo のプロジェクトを終了し、次はストラテジーゲームである「StarCraft Ⅱ」に挑戦することを選びました。これは何を意味しているのでしょうか。

まず、相手の駒がすべて見えるうえに、交互に動かすことが決まっている囲碁や将棋では、やろうと思えば相手が選びうる手をすべて予想することができます。その中でもとくに囲碁は選びうる手が多く、非常に難しいゲームだと考えられていました。その囲碁で、AlphaGo は最強になったのです。少なくとも同系統のゲームに挑戦する必要はないでしょう。そこで、選ばれたのがストラテジーゲームだったのです。

この「StarCraft Ⅱ」はいわゆるＲＴＳ（リアルタイムストラテジー）と呼ばれるゲームで、囲碁や将棋のように順番に手を打つのではなく、本物の戦場のようにユニット（駒）を常に動かし続けます。さらにプレイヤーはユニットの周囲の状況しか把握できず、戦場全体を常に認識した状態で戦うことはできません。リアルタイムの戦いなので、次に起こり得る可能性は無限大となります。このようなより現実世界の条件に似たゲームで、人工知能が人間に勝つことは簡単ではありません。

また、ゲームの中の話なので、「それってゲームＡＩとは違うの？」という疑問が生まれるかもしれません。「StarCraft Ⅱ」にもゲームＡＩが存在します。しかし、ゲームＡＩはプレイヤーの全情報を把握していますし、場合によってはプレイヤーにはできない「普通より強いユニットをつくる」「普通よりたくさんユニットをつくる」など、プレイヤーには許されていない特別ルールを使って、人間と互角に戦えるようにしています。ゲームＡＩはあくまで人間を楽しませるための存在だからです。

この新しい挑戦は、囲碁にはなかった迅速な予測・計画・判断能力のほかに、適切な協調能力も求められるために応用範囲が幅広く、スポーツやゲームのほかに、研究・建設・エネルギー事業に役立つとされています。

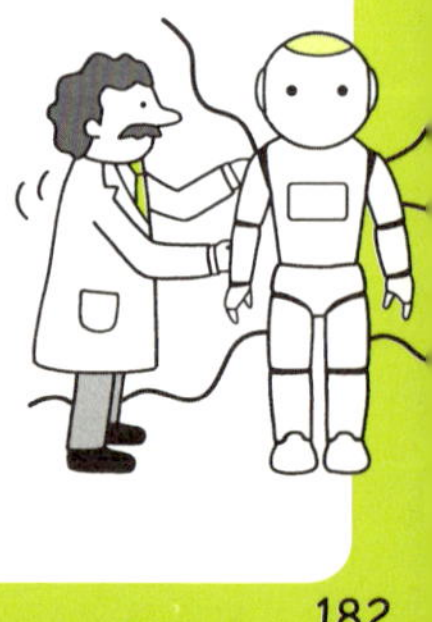

第5章 私たちと人工知能の未来を見つめる

今はまだ、完全に人間の代わりができる
人工知能は誕生していません。
人間と人工知能は似ている点もありますが、
基本的にはまったくの別ものです。
その違いによって何が生まれるのか、
どのような関係性を築くことで社会がよい方向へ
変化するのか、少し考えてみませんか。

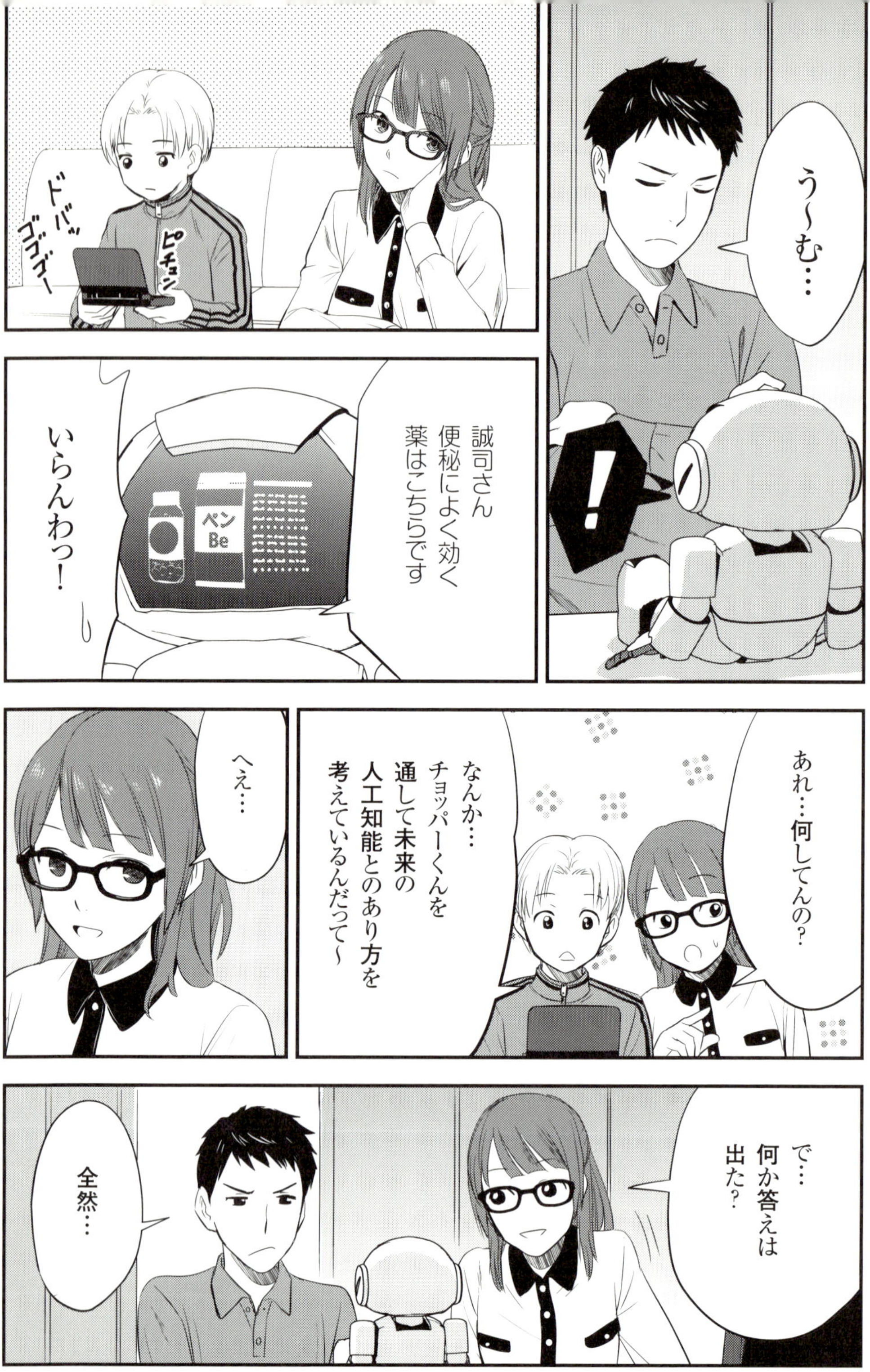
う〜む…
!
ドドバッ
ゴゴゴ〜
ピチュン
誠司さん
便秘によく効く
薬はこちらです
ペン
Be
いらんわっ!
あれ…何してんの?
なんか…
チョッパーくんを
通して人工知能との未来の
あり方を
考えているんだって〜
へえ…
で…
何か答えは
出た?
全然…

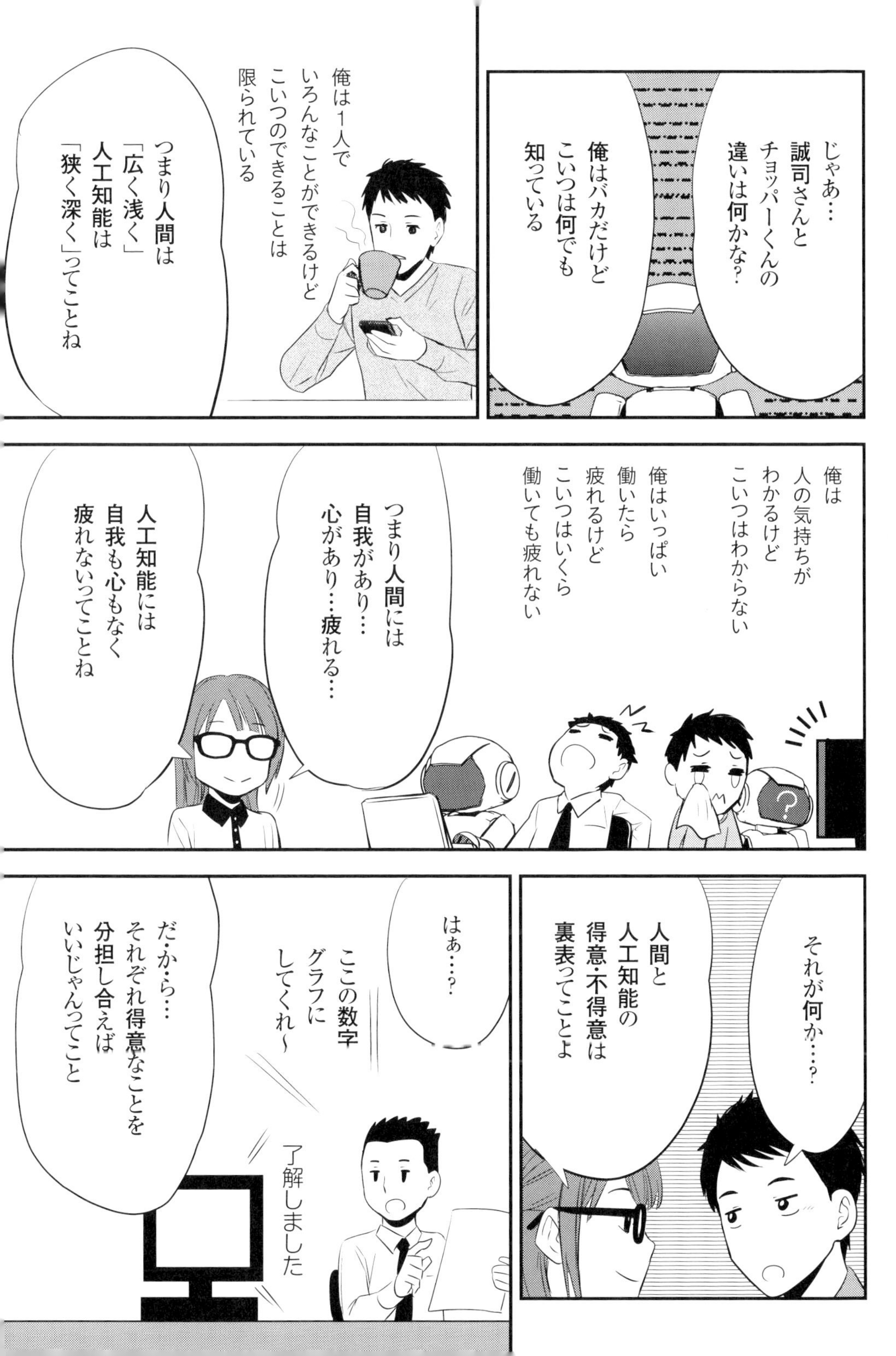

じゃあ…誠司さんとチョッパーくんの違いは何かな?
俺はバカだけどこいつは何でも知っている
俺は1人でいろんなことができるけどこいつのできることは限られている
つまり人間は「広く浅く」人工知能は「狭く深く」ってことね
俺は人の気持ちがわかるけどこいつはわからない
俺はいっぱい働いたら疲れるけどこいつはいくら働いても疲れない
つまり人間には自我があり…心があり…疲れる…
人工知能には自我も心もなく疲れないってことね
それが何か…?
人間と人工知能の得意・不得意は裏表ってことよ
はぁ…?
ここの数字グラフにしてくれ～
了解しました
だ・から…それぞれ得意なことを分担し合えばいいじゃんってこと

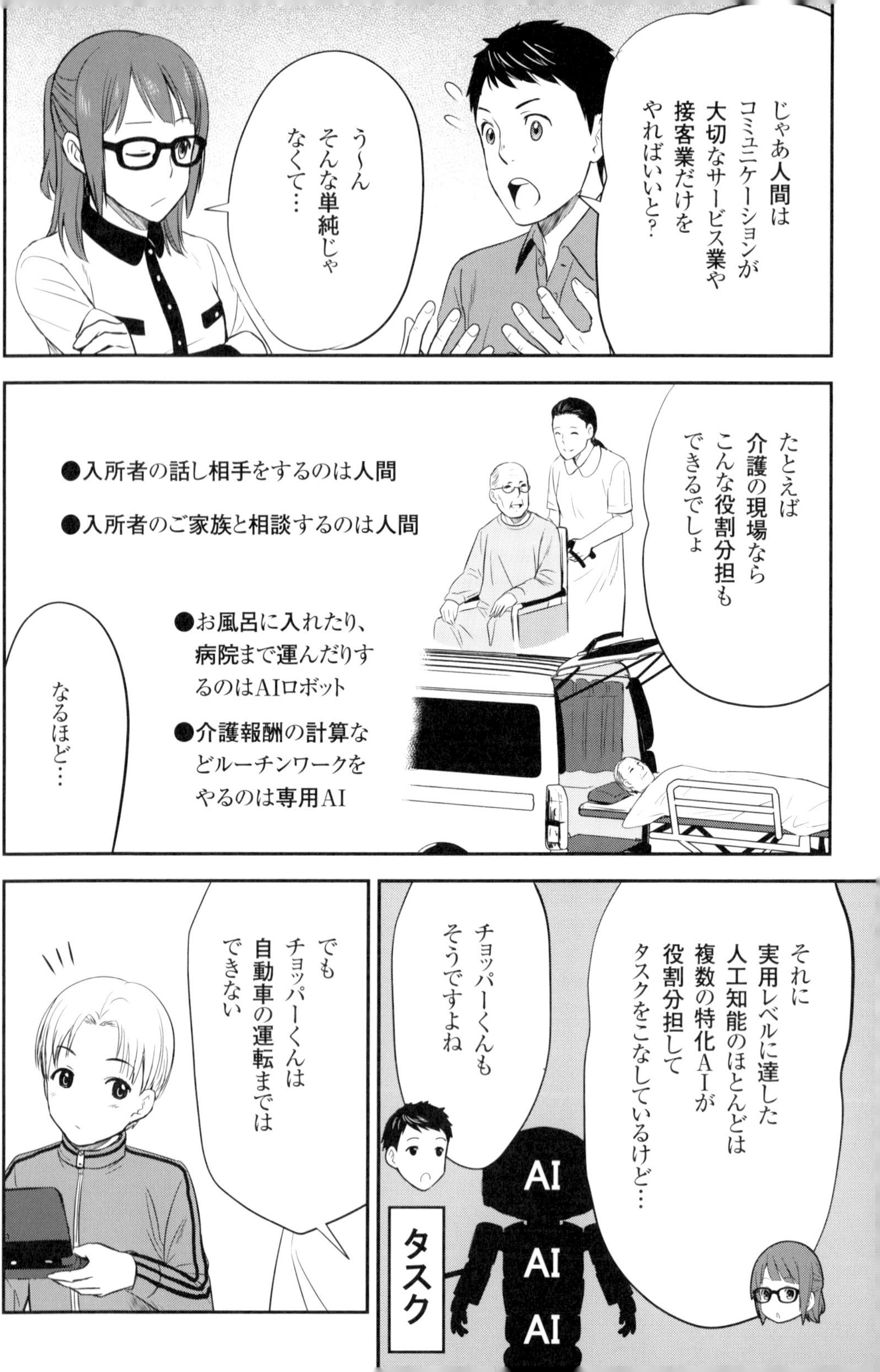
じゃあ人間はコミュニケーションが大切なサービス業や接客業だけをやればいいと?
う〜んそんな単純じゃなくて…
たとえば介護の現場ならこんな役割分担もできるでしょ
●入所者の話し相手をするのは人間
●入所者のご家族と相談するのは人間
●お風呂に入れたり、病院まで運んだりするのはAIロボット
●介護報酬の計算などルーチンワークをやるのは専用AI
なるほど…
それに実用レベルに達した人工知能のほとんどは複数の特化AIが役割分担してタスクをこなしているけど…
AI
AI
AI
タスク
チョッパーくんもそうですよね
でもチョッパーくんは自動車の運転まではできない

運転AI in チョッパー
それならチョッパーくんに自動車の運転ができる人工知能を入れたら？
オンリー運転AI
それなら専用の自動運転ＡＩに任せちゃえばいいでしょ
それもそうか…
だから人工知能のことを理解して
アレとコレを組み合わせて…
もっとも力が発揮できる役割分担を考えるのも人間の役目じゃないかしら
人工知能が働きやすい社会をつくることが人間にとって快適な社会につながるってことか…
これからは人工知能がいっぱいの社会になるんだよね？それってどんな社会かなぁ

たとえば
自動運転技術が
進歩すれば
無人のバスや
タクシーが
街中を走り回る
だろうし
自家用車の車内も
「オフィス化」されて
移動中でも
仕事ができるから
職場までの距離が
関係なくなる
あとは街中に
監視カメラを
設置することで
あやしい人がいたら
すぐに人工知能が
通報して
警察官が駆けつけてくれる
ジー
ガッ
ちょっと君。
ほんと
近未来SFの
世界みたいだなぁ
そうね
国民的ロボットアニメみたいに
人工知能が
人間のかけがえのない
パートナーみたいに
なる可能性もあるわ
裕太くん
これからずーっとそばに
チョッパーくんが
いたらどうする?
ずっと一緒に
ゲームする!

今でも ベストタイミングで 回復魔法をかけて くれるから 本当に助かってるし！
キラ
キラ
キラ
それは裕太が いつも攻撃しかしないから チョッパーくんが フォロー役に 回ってくれているんだろ？
つまり チョッパーくんは 裕太くんのことを 理解しているってことよね
うん
この前なんて 宿題の解き方を聞いたら… 「それは裕太くんが 苦手な問題なので たくさん解いたほうが いいですよ」 とか言われてビックリした！
それはビジネスの 世界でも通用するわ ずっと一緒にいて 分析をしていれば その会社の強みも弱みも わかるようになる
そうすれば 強化すべきポイントを 教えてくれたり 失敗を未然に 防いでくれるかも しれない？
ええ！
まさに 信頼できる パートナーって 感じだな！
でしょ！

そうだ！ねえねえ チョッパーくん… このダンジョン なんだけど…
このダンジョンを クリアすると 姫が…
あ～ ネタバレはダメ～～！
人間みたいに 見えることも あるけど…
ちょっと違う？
うん…なんだか わかってきた気がする…！
なあなあ 俺も入れてくれよ 対戦ゲームやろ？
えーいいけど おじさん ヘタッピでしょ？

なら俺がチョッパーとタッグを組むから
わかりました私は誠司さんをフォローします
え～チョッパーくんは僕の仲間だよぉ
わ～ん京子さん助けて～！
じゃあ全員敵同士で正々堂々勝負しましょう
でもチョッパーくん少し手加減してねキミは強すぎるから
わかりました！
みなさんが楽しめるように頑張りますね

5-1

1分でわかる

人工知能と人間の違いを改めて考えてみよう

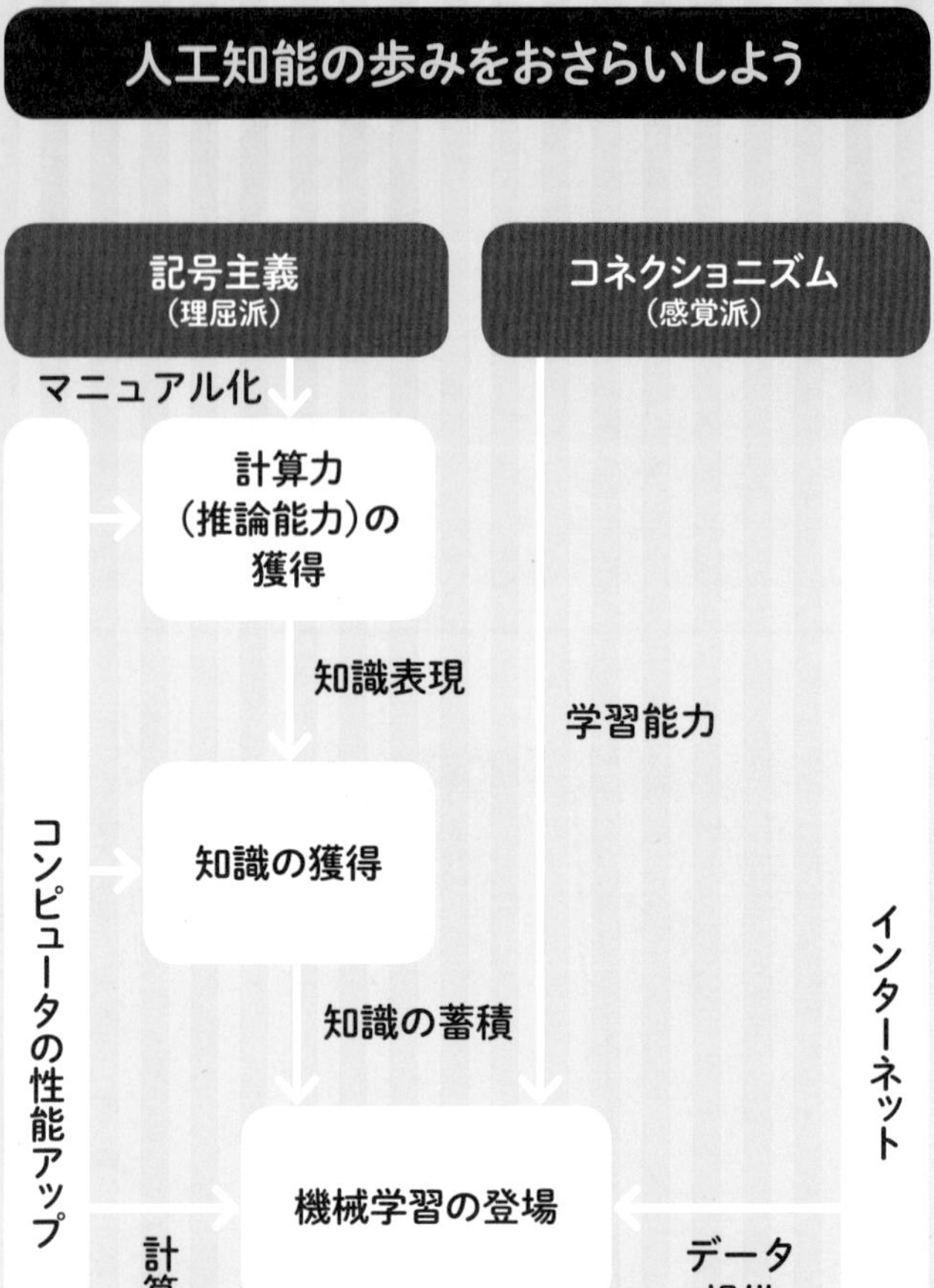

人工知能の歩みをおさらいしよう
記号主義
（理屈派）
コネクショニズム
（感覚派）
マニュアル化
計算力
（推論能力）の
獲得
知識表現
学習能力
知識の獲得
コンピュータの性能アップ
インターネット
知識の蓄積
機械学習の登場
計算能力の向上
データ
提供
ディープラーニング
の登場
はたして未来の人工知能は
どんな形で進化をとげるのだろう？

人間と人工知能の違いは?

人間の知能は広く浅く

１人の人間で「見る」「聞く」「考える」「話す」「動く（動かす）」などのタスクを、まんべんなく、ほどよくこなせる。

人工知能は狭く深く

「見るだけ」「聞くだけ」「考えるだけ」など、１～２つ程度のタスクしかこなせないが、そのタスクはすごく上手にできる。

詳しくはP.196へ!

人間との違いを理解しておかないと、誤解が生じる。

- 人間と人工知能は「知識」や「意味」の捉え方が違う（→194ページ）。
- 人間は「自我があり、心があり、疲れる」。
  人工知能は「自我も心もなく、疲れない」。
- 言葉の扱い方が違うので、人工知能の言葉と行動が一致するとはかぎらない。

では、どのようにすみ分ける？

人間

「新たなものを創造する」「物事の効率化を図る」「想定外の事態に対処する」などに向いている。

人工知能

「やるべきことが決まっている仕事」「長時間、正確にやり続ける必要がある仕事」などに向いている。

「広く浅く」の人間と「狭く深く」の人工知能

これまで知的ゲームで人間に勝つもの、人間と会話するもの、画像や音声を認識するもの、未来を予測するもの、自動車やドローンなどのモノを操縦するものなど、さまざまな人工知能が生まれてきました。これらの人工知能は、それぞれの得意分野に合わせた役目を与えることで活躍する特化ＡＩです。

一方、人間の知能は汎用性が強みで、基本的には1人であらゆる知的活動を行うことができます。その代わり、人工知能のように何か1つに特化した能力を持っていることはまれです。いわば人間の知能は広く浅く、人工知能は狭く深いのです。人間のような汎用ＡＩの研究も進められていますが、完成のメドは立っていません。

これは考えてみれば当然のことです。人間は「生存」を目的に知能を獲得したため、あらゆる事態に対応できる汎用性を得ました。対する人工知能は、人間によって設定されたタスクの実行を目的につくられました。仕事を手伝ってほしい、雑用を代わってほしいなど、私たちが人工知能に求めるものはある程度決まっています。特定のタスクなら人間以上に完璧にできる機械と、人間と同じくらい何でもそこそこにこなせる機械があったら、多くの人は前者を求めるでしょう。

いずれは人間のような汎用ＡＩが完成するかもしれませんが、それはまだ先の話。人工知能と人間の違いを理解することが、人工知能との共生を考える第一歩です。

改めて人間と人工知能の違いを考えてみよう

汎用性が強みの人間と一点突破の魅力を持つ人工知能、それぞれによい点がある。

「広く浅く」の人間！

人間の知能は「生存」のためにあるので、あらゆる事態に対応できる汎用性を持っている。

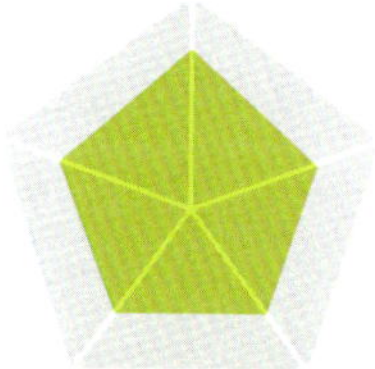

- 1人の人間で「見る」「聞く」「考える」「話す」「動く（動かす）」などのタスクをこなせる。
- 完璧にできることはほとんどないが、ほどよいあいまいさによってバランスを保つことができる。

「狭く深く」の人工知能！

人間によって特定のタスクをこなすためにつくられたので、一芸に秀でた知能を持っている。

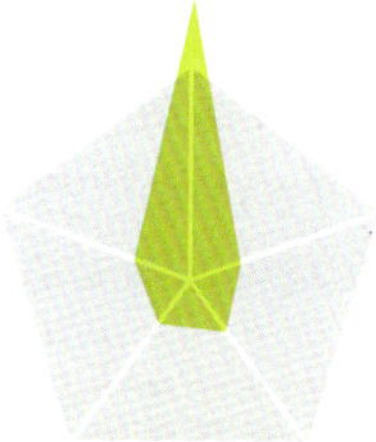

- 「見るだけ」「聞くだけ」「考えるだけ」など、1つの人工知能で1つのタスクしかこなせない。
- 複数の人工知能で協力することで、汎用的なタスクに対応できるようになる。

↓

それぞれの強みを理解し、補完し合う関係づくりを目指したい

誤解を生まないための人工知能との付き合い方

人間と人工知能は、「知識」や「言葉」の捉え方にも大きな違いがあります。人工知能は知識を情報の関連性だけで把握し、言葉の意味を数値に置き換えて理解します。それによって難しい質問に答えたり、翻訳したりすることができるのです。こうした人工知能に対して、もし私たちが「人間と同じように言葉を理解している」と勘違いしてしまったら、何が起こるでしょうか。

人工知能に「赤信号では車はどうするべき?」と聞いて、人工知能が「止まるべき」と答えたからといって、実際に車を運転する人工知能が赤信号で止まる保証はありません。なぜなら、「止まる」の意味がブレーキによって車体を完全に停止させた状態であることを

人間と人工知能の「言葉」の認識の違い

人工知能の場合、正しい知識があるからといって、そのとおりの行動をとれるとは限らない。人間と同じだと考えると、誤解が生じる。

この2つを結びつけるプログラムがなければ、人工知能は赤信号で当然のようにアクセルを踏んで走る。

人間と人工知能のすみ分けを考えるポイント

人間と人工知能は似ている部分もあるが、違う部分も多い。それぞれの相違点を理解したうえでのすみ分けが大切になる。

人間

自我がある。
心がある。
疲れる。

↓

・もっと効率化したいなど、「楽をしたい気持ち」が生きる仕事ができる。
・想定外の要望が出てくるような環境でも、それなりに対応できる。

人工知能

自我がない。
心がない。
疲れない。

↓

・できる仕事に限っては完璧にこなし、いくらやらされても文句を言わないし、疲れない。
・想定外の事態には対処できない（対処しない）。

自我や心があるからこそできることは人間に、自我も心もいらず、特化型だからできることは人工知能に！

5-2

1分でわかる

人工知能と私たちの未来を想像してみる

近い未来の人工知能社会は?

たとえば社会全体では…

詳しくはP.202へ!

交通

自動運転技術により、車内の個人オフィス化が進み、車内でも仕事ができるので、生産性が高められる。

医療

人工知能に自分の医療情報などを分析させることで、病気になる前に警告してもらえる。

セキュリティ

犯罪予測と監視カメラの精度が向上することにより、不審者がいたらすぐに警察官が駆けつけてくれる。

雇用

単純な仕事や面倒な仕事を人工知能に代替してもらうことで、労働力不足が解消される。

とくに人間関係では?

代理エージェント機能を得たAIアシスタントがさまざまなコミュニケーションを行ってくれる

詳しくはP.204へ!

AIアシスタント(代理エージェント)は、ユーザーの趣味嗜好から人間関係まで、すべてを理解した人工知能。ユーザーに代わり、さまざまなタスクをこなしてくれる。

- 好きなもの、必要なものの購入手配をしてくれる。
- 友人との人間関係をよくする方法を教えてくれる。
- 気になる異性へのアプローチ方法を教えてくれる。　など

社会のありようはどんどん変わっていく!

私たちにできることは何だろう?

これから来る人工知能社会は、
ほとんどの人が初めて遭遇する出来事ばかりになる。

正しく使う限り、人工知能はまぎれもなく人間の味方!

それを理解して
近づき、試し、
使いこなして
みせるか?

とまどい、
立ち止まり、
あるいは
離れていくのか?

両者には大きな差がついていく!

それなら、どうする?

何でもいいから、まずは人工知能を使ってみる。

これが大事!

「思ったより賢くない」「生活が少し楽になった」「もっとこんなことが
できればいいのに」など、何か気づきが出てくる。

人工知能が少しずつ身近に…

人工知能とともに生きる未来へ!

人工知能とともに暮らす近い未来を考えてみよう

２０３０年、近未来の社会では、各分野で人工知能が活躍すると予測されています。

もっとも大きな影響を与えるのが自動運転車です。無人タクシーやカーシェアリングサービスによって車を保有することなく、好きなときに車に乗って好きな場所に行けるようになります。トラックドライバーの負担も減り、ドローンでの輸送も増えるでしょう。

次にインパクトが大きいのが医療です。医師はあらゆる業務で人工知能のサポートを受け、医療ＡＩによって事前診断が行われ、手術にも人工知能ロボットが用いられます。

セキュリティの世界も大きく変わります。接客や清掃なども行える多用途警備ロボットが一般家庭を含めたあらゆる建物で利用されるようになり、街のあちこちで人工知能搭載の監視カメラが目を光らせています。

雇用面では、人工知能の導入によって雑務の負担が減り、多くの人が創造的で単価の高い仕事に集中できるようになります。サービスの質が上がる一方で物価が下がり、あらゆる層で生活の質が向上します。人工知能を使った新規ビジネスが誕生し、それによって大きな財産を得る人が増えるでしょう。

ほかにも、未来の社会ではさまざまな変化が起こります。ここではよい面を中心に紹介しましたが、プライバシーや人工知能の不具合に関するトラブルなどが増える可能性も指摘されています。どのような未来にしたいか、改めて考えてみることが大切でしょう。

▼**ＡＩ１００：人工知能１００年研究**
スタンフォード大学が作成している報告書。数年おきにアップデートしながら、人工知能の未来を１００年に渡って予測・議論し続けるとしている。

近未来の人工知能の姿をイメージしてみよう

人工知能はすさまじいスピードで進化しており、そう遠くない未来、私たちの社会を一変させると予測されている。

自動運転車

人間は車内にいながら、運転以外のタスクに集中できるようになる！

右ページで挙げた以外にも、乗車中に別の作業ができることから「車内の個人オフィス化」が進み、職場までの距離があまり関係なくなる。

医療分野

症状が出る前に患者が医師や薬剤師に相談し、薬の処方を受けられるようになる！
風邪の兆候です

個人の医療情報（遺伝子情報や病歴、薬の使用歴など）を人工知能が管理することで、人工知能が病気の予測や投薬の提案などを行う。

セキュリティ

監視社会になることについては、治安の向上という利点とともにプライバシー保護の問題が生じる。

犯罪予測が導入されることにより、警官の配置も最適化され、監視カメラと合わせて迅速に現場に急行できるようになる。

雇用

人工知能の利便性を活かせる人とそうでない人との間で、大きな格差が生まれる可能性がある。

日本のような少子高齢化社会では、とくに労働力不足の解消という問題を解決することが期待されている。

代理エージェントとして欠かせないパートナーに！

人工知能をコミュニケーションツールとして使うことで、別の可能性も見えてきます。スマートフォンに搭載された人工知能アシスタントや会話ボットなど、人間の話し相手となる人工知能はすでに多数あります。

こうした対話を通して、人工知能は人間を理解するようになるでしょう。ユーザーの趣味嗜好から人間関係まで、何でもわかるようになります。ときには、ケンカした友人との仲直り方法や好きな異性へのアプローチ方法を教えるようにもなるでしょう。

さらには人工知能同士の情報交換によって、ユーザーに必要な情報が最適なタイミングでもたらされるようにもなります。たとえば、ユーザーが何かを必要としていると感じた人工知能がオンラインショップの人工知能に相談することで、最適な価格の商品を見つけてユーザーに提案してくれます。このように誰よりもユーザーを理解している人工知能が育てば、それを代理エージェントとして活用することができます。ユーザーの状態を正しくほかの人工知能に伝えることで、ユーザーの可能性を大きく広げてくれるのです。

代理エージェントは、ビジネスにも活用できます。会社を代表する人工知能同士が対話を行い、お互いの会社にメリットがある取引内容をまとめ、それをお互いの経営者に提案するのです。個人も企業も、「困ったら、まずは人工知能に相談」というスタイルが定着するようになるかもしれません。

▼**会話ボット**
会話用につくられたプログラム。多くは人工知能の一種だが、非常にシンプルなしくみで動いているものもあり、人工知能としてみなさないケースもある。

代理エージェントとなる人工知能

自分のことを深く理解してくれる人工知能がいることで、コミュニケーション面でも多くのメリットを得られるようになる。

代理エージェント

エージェント

ユーザーの趣味嗜好から人間関係、人間関係の中で求めていることまで何でも把握している。ユーザーが求めているものを提供するために、先回りしてほかの人工知能と交渉し、用意してくれる。

ケース❶ ▶ 友人との関係が悪化した

怒っているのは遅刻の件だよ
謝れば許すってさ

こちらの代理エージェントが友人の代理エージェントと情報交換し、仲直りに最適な方法を提案してくれる。誤解の存在を人工知能が発見することも。

ケース❷ ▶ 好きな異性にアプローチしたい

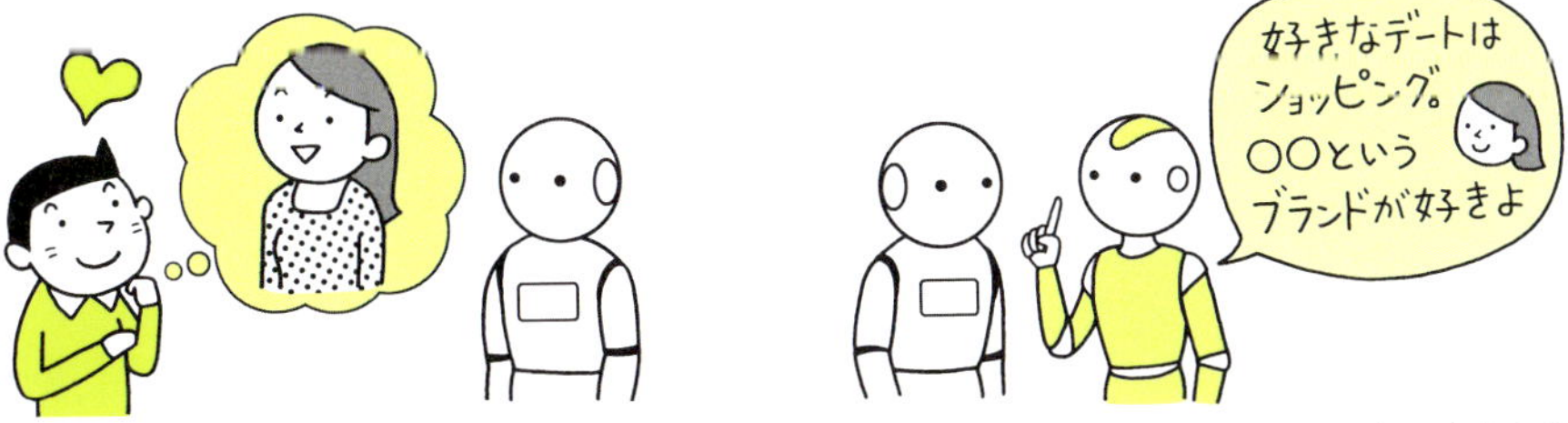
好きなデートはショッピング。○○というブランドが好きよ

こちらの代理エージェントがその異性の代理エージェントから好きなものなどの情報を入手し、成功確率の高いアプローチ方法を提案してくれる。

おわりに

人工知能とともに生きる未来

人工知能によって社会は変わります。ほとんどの人が初めて遭遇する出来事ばかりになるでしょう。正しく使う限り、人工知能はまぎれもなく人間の味方です。それを知っている人は近づき、試し、使いこなしてみせます。とまどっている人間に対して差をつけ、一歩前に進みます。では、時代の変化に置いていかれないようにするためには、どうすればよいのでしょうか。

最初にやるべきことは簡単。人工知能を使ってみることです。人工知能アシスタントでも、会話ボットでも、対話ゲームのキャラクターでもよいでしょう。人工知能に触れ、扱ってみて、どんなものなのかイメージをつかんでください。中には人工知能とは名ばかりのものもありますし、それほど賢くないものもあります。実際に使ってみると、「思っていたほどではない」と感じることのほうが多いでしょう。むしろ、それは好ましい経験です。

現在の人工知能の技術レベルを正しく把握し、何に使えるか、実際に使って体感してみてください。すると、少なくとも今の人工知能が成長したところで、「人工知能が人類を滅ぼす」などと想像できる人はほとんどいないでしょう。逆に、人工知能さえあれば何でもできると思う人も少ないはずです。

人工知能は私たちが思っているよりもちょっと視野が狭くて、頑固でいちずで、でもやることを限ってあげれば意外と賢くておどろかされる——そんな親しみを持てる存在です。

三宅 陽一郎

監修者 三宅《みやけ》 陽一郎《よういちろう》

ゲーム AI 開発者。京都大学で数学を専攻、大阪大学（物理学修士）、東京大学工学系研究科博士課程（単位取得満期退学）。2004年よりデジタルゲームにおける人工知能の開発・研究に従事。IGDA 日本ゲーム AI 専門部会設立（チェア）、DiGRA JAPAN 理事、芸術科学会理事、人工知能学会編集委員。
共著『デジタルゲームの教科書』『デジタルゲームの技術』『絵でわかる人工知能』（SB クリエイティブ）、著書『なぜ人工知能は人と会話ができるのか』（マイナビ出版）、『人工知能のための哲学塾』（BNN 新社）、『人工知能の作り方』（技術評論社）、『はじめてのゲーム AI』（WEB+DB PRESS Vol.68、技術評論社）。翻訳監修『ゲームプログラマのための C++』『C++ のための API デザイン』（SB クリエイティブ）、監修『最強囲碁 AI アルファ碁 解体新書』（翔泳社）。

マンガ 備前《びぜん》やすのり

漫画家、イラストレーター。雑誌『ニュータイプエース』にて、アニメ「トワノクオン」のコミカライズや『まんがでわかる 論語』（あさ出版）、『角川まんが学習シリーズ　まんが人物伝 徳川家康』（KADOKAWA）、『マンガでまる分かり! 1時間で身につく お金の教養 ―貯まる法則、増える法則―』（幻冬舎）の作画を担当する一方、CD のジャケットイラスト等も手がけている。

STAFF

執筆協力 三津村 直貴

合同会社 Noteip 代表。ライター。米国アーカンソー大学コンピューターサイエンス科卒業。国内の一部上場企業で IT 関連製品の企画・マーケティングなどに従事し、退職後はライターとして書籍や記事の執筆、WEBコンテンツの制作に関わっている。扱えるジャンルは人工知能の他に科学・IT・軍事・医療と幅広く、国の研究機関の下で調査員として研究活動に関わった経験もある。著書に『図解 これだけは知っておきたい AI（人工知能）ビジネス入門』（成美堂出版）。

本文デザイン	谷関笑子（TYPE FACE）
DTP	荒井雅美（トモエキコウ）
イラスト	瀬川尚志
編集協力	パケット

マンガでわかる 人工知能

監修者　三宅陽一郎
マンガ　備前やすのり
発行者　池田士文
印刷所　大日本印刷株式会社
製本所　大日本印刷株式会社
発行所　株式会社池田書店
〒162-0851　東京都新宿区弁天町43番地
電話03-3267-6821（代）
振替00120-9-60072

ISBN978-4-262-15561-6

1700011